机电专业"十三五"规划教材

现代工业设备电气控制技术

主　编　王俊豪　杨一平　化彦杰
副主编　许艳华　张亮亮　张海涛
主　审　杨富营　楚宜民

U0222453

哈尔滨工程大学出版社
Harbin Engineering University Press

内容简介

本书是编者根据多年企业工作实践和从事高职高专教学的实践，根据工业现场设备控制技术，通过教学改革将"电机学""工厂电气控制""可编程控制器""变频器"等课程有机地结合，采用项目化教学，融"教—学——做"为一体进行编写的。本书内容由浅入深，分四个项目学习现代工业设备的常用控制技术，包括三相异步电动机、电动机控制技术、PLC 控制技术和其他常用工业控制设备的相关知识。

本书既适合从事机械 设计和电气自动控制的工程技术人员阅读，也可作为 机械工程及自动化、机械电子工程、机械制造工艺及 设备、机械设计以及相近专业的参考书。

图书在版编目（CIP）数据

现代工业设备电气控制技术 / 王俊豪，杨一平，化彦杰主编. -- 哈尔滨：哈尔滨工程大学出版社，2018.12

机电专业"十三五"规划教材

ISBN 978-7-5661-2153-0

Ⅰ. ①现… Ⅱ. ①王… ②杨… ③化… Ⅲ. ①工业设备－电气控制－高等职业教育－教材 Ⅳ. ①TM921.5

中国版本图书馆 CIP 数据核字（2018）第 278874 号

选题策划　章银武
责任编辑　张　彦
封面设计　赵俊红

出版发行　哈尔滨工程大学出版社
社　　址　哈尔滨市南岗区南通大街 145 号
邮政编码　150001
发行电话　0451-82519328
传　　真　0451-82519699
经　　销　新华书店
印　　刷　廊坊市广阳区九洲印刷厂
开　　本　787 mm×1 092 mm　　1/16
印　　张　16
字　　数　384 千字
版　　次　2018 年 12 月第 1 版
印　　次　2023 年 8 月第 2 次印刷
定　　价　48.00 元

http://www.hrbeupress.com

E-mail：heupress@hrbeu.edu.cn

前　言

本书以培养高级应用型人才为目标，以技能培养和工程应用能力的培养为出发点，突出实际应用。本书内容上进行了较大的改动，删除陈旧过时、偏多、偏深、使用过少的内容；努力反映新技术、新元件，加强工作中的实操能力；加强控制系统的定性分析，避免繁杂的公式推导，避免不必要的重复。

本书以现代工业设备中的电动机为控制对象，继电器-接触器或者可编程控制器为控制、保护元件，组成工业生产的电气控制系统。其中以三相异步电动机拖动和控制为重点，以电气控制基本环节为主线，阐述了常用电气设备的电气控制技术和电气控制系统设计等的基本知识。从生产实际出发，对常用设备的常见电气故障进行了分析，以期培养学生分析、解决生产实际问题的能力和进行简单的电气控制系统设计的能力。教材内容简洁，选材合理，结构严谨，具有如下特点。

（1）根据面向高职学生的思想，组织编写内容，按照项目化分配各项任务，理论知识以"必须、够用"为度，强调实际应用。注意给学生一定的学习空间，以培养学生的再学习能力。

（2）教材叙述简明扼要，深入浅出，富于启发性、实用性。

（3）内容叙述结合形象的图片，通俗易懂。

（4）"教-学-做"一体、专业与实践能力等级考证同行，全力推动"双证"制度的实施。

（5）电器元件的图形和文字符号都采用最新国家标准。

本书计划讲授 60～90 学时，由于各学校培养方案和实训室设备的不同，对学生的知识和能力的要求不同，各校可根据教学要求做相应调整，有些项目和任务可通过自学、参观、实习或课程设计完成。

本书由许昌职业技术学院的王俊豪、杨一平和郑州电子信息职业技术学院的化彦杰担任主编，由许昌职业技术学院的许艳华、张亮亮和许昌中意电气股份有限公司张海涛担任副主编。其中，王俊豪负责全书的整体策划和统稿工作，编写了本书任务 2.1 和任务 2.2，杨一平编写了本书的任务 3.1 到任务 3.6，化彦杰编写了 3.7，许艳华编写了本书的任务 4.1 到任务 4.6，张亮亮编写了本书的任务 2.3 到任务 2.6，张海涛编写了本书的任务 1.1 和任务 1.2。作者有多年大型企业工作经验，一直从事电气自动化技术专业相关产品的设计、制造，对现代工业设备控制技术有一定的认识，使本书能更贴近工业生产实践要求。

许昌职业技术学院教授杨富营和楚宜民在百忙之中审阅全书书稿并提出了许多宝贵的意见和建议。在本书的编写过程中，许继集团、许昌中意电气等公司和学院的专家对本书的编写工作提出了很多宝贵的意见，在此表示衷心的感谢！本书的相关资料和售后服务可扫封底的微信二维码或登录 www.bjzzwh.com 下载获得。

　　本书既适合从事机械 设计和电气自动控制的工程技术人员阅读，也可作为 机械工程及自动化、机械电子工程、机械制造工艺及 设备、机械设计以及相近专业的参考书。

　　本书在编写过程中，难免有疏漏和不当之处，敬请各位专家及读者不吝赐教。

编　者

目录

项目1 三相异步电动机

（1）能够选择三相异步电动机的型号参数并正确使用；

（2）能够正确拆装三相异步电动机并进行检修。

（1）掌握三相异步电动机的基本工作原理、结构、分类；

（2）掌握三相异步电动机转差率、额定值、功率与转矩关系；

（3）掌握三相异步电动机的机械特性曲线、特点和特殊点；

（4）熟悉电力拖动系统中电动机选择的原则。

任务1.1 三相异步电动机的选择与使用

三相异步电动机是交流电动机中最常见的类别，是中小电机的主导产品，具有结构简单、运行可靠、维护方便等诸多优点。该机作为主要机械驱动的动力源广泛应用于各行业，是一种产量大、配套面广的机电产品，有着不可替代的作用。使用电动机一般以实用、合理、经济、安全为原则，根据拖动机械的需要和工作条件进行选择。

掌握三相异步电动机的基本工作原理、结构、分类及优缺点；能选择合适性能参数的

三相异步电动机并正确使用。

1.1.1 三相异步电动机的基本结构

三相异步电动机的种类很多，但各类三相异步电动机的基本结构是相同的，它们都有旋转部分（称为转子）和固定不动部分（称为定子），在转子和定子之间具有一定的气隙。此外，还有端盖、轴承、接线盒、吊环等其他附件。封闭式笼型异步电动机的结构图如图1-1所示。

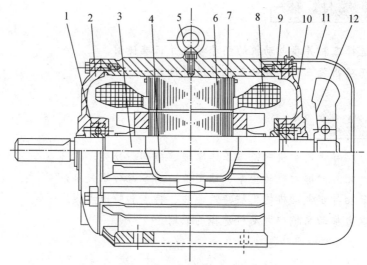

图 1-1　封闭式笼型异步电动机的结构图

1—轴承；2—前端盖；3—转轴；4—接线盒；5—吊环；6—定子铁芯；
7—转子；8—定子绕组；9—机座；10—后端盖；11—风罩；12—风扇

1. 转子

异步电动机的转子由转子绕组、转子铁芯及转轴等组成。它的作用是带动其他机械设备旋转。

（1）转子绕组。转子绕组是转子电路部分，用以产生转子电动势和转矩。如图1-2所示，转子按绕组结构的不同可分为鼠笼式转子和绕线式转子两种。依据转子结构的不同，三相异步电动机分为鼠笼式异步电动机和绕线式异步电动机。

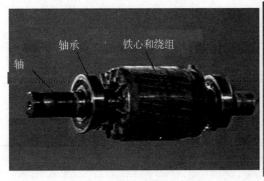

（a）　　　　　　　　　　　　　　　　　（b）

图 1-2　三相异步电动机转子实物图

（a）鼠笼式转子；（b）绕线式转子

①鼠笼式转子绕组。在转子铁芯每个槽内插入等长的裸铜导条，裸铜导条的两端用铜端环焊接而成，形成一个闭合回路。转子绕组的外形如同"鼠笼"，故称为鼠笼式转子。如图 1-3（a）所示为铜条鼠笼式转子绕组示意图，由于铜条转子制造较复杂，且价格高，主要用于功率较大的鼠笼式异步电动机。中小型异步电动机鼠笼式转子槽内一般采用铸铝方法，将导条、端环和风扇叶同时一次性浇注成型，如图 1-3（b）所示。

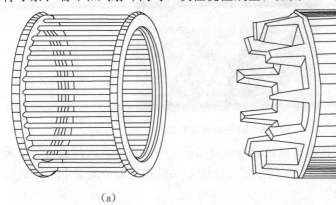

（a）　　　　　　　　　　　　　　　　　（b）

图 1-3　鼠笼式转子结构

（a）铜条鼠笼式转子绕组；（b）铸铝鼠笼式转子绕组

②绕线式转子绕组。绕线式异步电动机的转子绕组采用绝缘漆包铜线绕制成三相绕组嵌入转子铁芯槽内，将它接成 Y 形，其三相首端分别接到固定在转轴上的三个相互绝缘的滑环（称为集电环）上，再经压在滑环上的三组电刷与外电路的电阻相连，三组电阻的另一端也接成 Y 形，通过外串电阻改善电机的起动、调速等性能。绕线式转子绕组与外加变阻器的连接如图 1-4 所示。

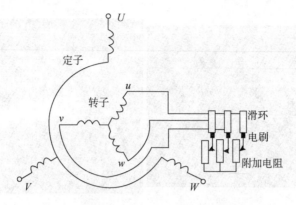

图 1-4　绕线式转子绕组与外加变阻器的连接

（2）转子铁芯。转子铁芯固定在转轴上，是电动机磁路的一部分，在转子铁芯的外圈上均匀地冲有许多槽，如图 1-5 所示，用以嵌放转子绕组。转子铁芯是用 0.5 mm 的硅钢片叠压而成。

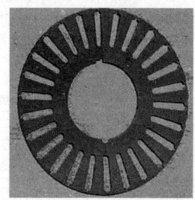

图 1-5　转子冲片实物图

（3）转轴。转轴是电动机输出机械能的重要部分，一般用中碳钢制成，可以承受很大的转矩，如图 1-6 所示。轴的两端用轴承支撑，固定在机座两端的端盖上。在后端盖外面轴上装有风扇，供轴向通风。

图 1-6　转轴实物图

2. 定子

异步电动机的定子指电动机静止不动部分，主要由定子绕组、定子铁芯两部分组成。

（1）定子绕组。定子绕组是电动机的电路部分，常用漆包线在绕线模上绕制而成，按一定规律嵌入定子槽内。当通入三相交流电时，能产生旋转磁场，并与转子绕组相互作用，实现能量转换。它们在空间彼此相隔120°电角度，每相绕组的多个线圈均匀分布嵌放在定子铁芯槽中。定子绕组的三个首端 U_1、V_1、W_1 和三个末端 U_2、V_2、W_2，通过外壳上的接线盒连接到三相电源上。图1-7（a）为定子绕组的星形（Y）接法；图1-7（b）为定子绕组的三角形（△）接法。三相绕组具体应该采用何种接法，应视电力网的线电压和各相绕组的工作电压而定。目前我国生产的三相异步电动机，功率在 4 kW 以下的一般采用星形接法，功率在 4 kW 以上的一般采用三角形接法。

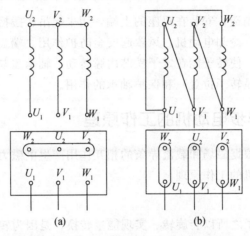

图1-7　定子绕组的星形和三角形连接

（a）星形连接；（b）三角形连接

（2）定子铁芯。定子铁芯是异步电动机磁路的一部分，定子铁芯常采用 0.5 mm 两面涂有绝缘漆的硅钢片冲片叠压而成，片与片之间相互绝缘，这样可以减少由于涡流造成的能量损失。铁芯内圈上冲有均匀分布的槽，用以嵌放定子绕组。槽的形状由电动机容量、电压及绕组的形状决定。如图1-8为三相异步电动机常用的一种定子槽形。

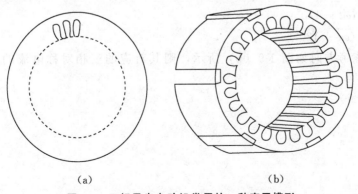

（a）　　　　　　　　　　　　　　　　（b）

图1-8　三相异步电动机常用的一种定子槽形

（a）定子铁芯冲片；（b）定子铁芯

3. 气隙

转子与定子之间的气隙，一般为 0.2～1.5 mm。气隙是电动机磁路的一部分，它是决定电动机运行质量的一个重要因素。气隙太大，电动机运行时的功率因数会降低；气隙太小，则装配困难，运行不可靠，高次谐波磁场增强，从而使附加损耗增加以及使起动性能变差。

4. 其他

机座通常用铸铁或铸钢浇铸成型，它的作用是保护和固定三相电动机的定子绕组。中小型三相电动机的机座还有两个端盖支撑着转子，它是三相电动机机械结构的重要组成部分。对大型电动机，机座一般采用钢板焊接而成，小型封闭式异步电动机表面有散热筋片，以增加散热面积。

吊环一般是用铸钢制造，安装在机座的上端，用来起吊、搬抬三相电动机。

风扇用来通风散热，冷却电动机。风罩起安全防护作用。端盖是支撑转子的，它把定子与转子连成一个整体，使转子能在定子铁芯内膛转动。轴承盖与端盖连在一起，它起轴向固定轴承位置（也就是转子位置）和保护轴承的作用。

1.1.2 三相异步电动机的工作原理

三相异步电动机是根据磁场和载流导条的相互作用产生电磁力的原理而制成的。下面具体分析三相异步电动机的工作原理。

1. 旋转磁场的产生

三相异步电动机转子之所以会旋转、实现能量转换，是因为转子气隙内有一个旋转磁场。旋转磁场就是一种极性和大小不变，且以一定转速旋转的磁场。理论分析和实践证明，在三相对称绕组中流过三相对称交流电时会产生这种旋转磁场。所谓三相对称绕组就是三个外形、尺寸、匝数都完全相同。首端彼此互隔120°，对称地放置到定子槽内的三个独立的绕组，如图 1-9（a）所示。当三相绕组接至三相对称电源时，三相绕组中便通入三相对称电流 i_U、i_V、i_W，且

$$i_U = I_m \sin\omega t$$

$$i_V = I_m \sin(\omega t - 120°)$$

$$i_W = I_m \sin(\omega t + 120°)$$

设电流的参考方向如图 1-9（b）所示，则其对应的三相对称电流的波形如图 1-10 所示。

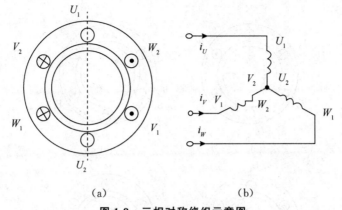

图 1-9 三相对称绕组示意图

（a）三相对称绕组；（b）定子接线图

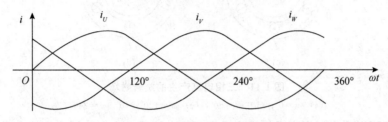

图 1-10 三相对称电流波形

图 1-11 分别是 ωt 为 0°、60°/120°、240°时的合成磁场方向。定子线圈的始末端用"○"表示，电流的流入用"⊗"表示，电流的流出用"⊖"表示。

（1）当 $\omega t = 0°$ 时，$i_V = 0$，i_V 是负的，即实际方向为从 V_2 端到 V_1 端，从 V_2 端流入，故 V_2 端用"⊗"表示，从 V_1 端流出，故 V_1 端用"⊖"表示。同样，此时 i_W 为正的，电流从 W_1 端流入，从 W_2 端流出，故 W_1 端用"⊗"表示，故 W_2 端用"⊖"表示。根据右手螺旋定则，三相电流在该瞬间所产生的磁场叠加结果，形成一个两极合成磁场（磁极对数 $p = 1$），上为 N 极，下为 S 极，如图 1-11（a）所示。

（2）当 $\omega t = 60°$ 时，i_U 为正，电流从首端 U_1 流入，从末端 U_2 流出；i_V 为负，电流从末端 V_1 流入，从首端 V_2 流出；$i_W = 0$。其合成的两极磁场方位与 $\omega t = 0°$ 时相比，已按顺时针方向在空间旋转了 60°，如图 1-11（b）所示。

（3）当 $\omega t = 120°$ 时，i_U 为正，电流从首端 U_1 流入，从末端 U_2 流出；$i_V = 0$；i_W 为负，电流从末端 W_2 流入，从首端 W_1 流出。其合成的两极磁场方位与 $\omega t = 0°$ 时相比，已按顺时针方向在空间旋转了 120°，如图 1-11（c）所示。

（4）当 $\omega t = 240°$ 时，i_U 为负，电流从首端 U_2 流入，从末端 U_1 流出；i_V 为正，电流从首端 V_1 流入，从末端 V_2 流出；$i_W = 0$。其合成的两极磁场方位与 $\omega t = 0°$ 时相比，已按顺时针方向在空间旋转了 240°，如图 1-11（d）所示。

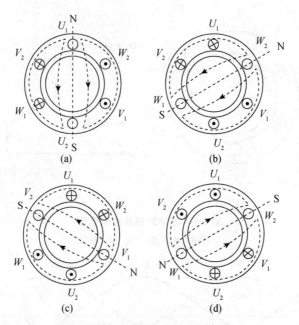

图 1-11　三相电流产生的旋转磁场

（a）$\omega t=0°$；（b）$\omega t=60°$；（c）$\omega t=120°$；（d）$\omega t=240°$

　　综上分析可以看出，当定子绕组中通入三相电流后，它们共同产生的合成磁场随电流的交变而在空间不断地旋转着，这就是旋转磁场。这个旋转磁场同磁极在空间旋转所起的作用是相同的。

2. 旋转磁场的转向

　　电动机转子的转动方向同磁场的旋转方向是一致的，如要使电动机反转，必须改变磁场的旋转方向。在三相交流电中，电流出现正幅值的顺序为 $U\rightarrow V\rightarrow W$，因此磁场的旋转方向是与这个顺序一致的，即磁场的旋转方向与通入绕组的三相电流的相序有关。如果将同三相电源连接的三根导线中任意两根的一端对调位置，例如，对调了 W 相和 V 相，则旋转磁场反转，电动机也随着改变转动方向。

3. 旋转磁场的极数

　　三相异步电动机的极数就是旋转磁场的极数。若定子绕组中，每相绕组只有一个线圈，绕组的始端之间相差 120°，则产生的旋转磁场具有一对磁极，即磁极对数 $p=1$。若定子绕组中，每相绕组由两个线圈串联而成，则绕组的始端之间相差 60°，则产生的旋转磁场具有两对磁极，即磁极对数 $p=2$。同理，要产生三对磁极，则定子绕组的每相绕组应由三个线圈串联而成，且始端之间相差 40°。例如，将定子绕组安排得如图 1-12 所示，即每相绕组有两个线圈串联，绕组的始端之间相差 60°，则产生的旋转磁场具有两对极，即 $p=2$，如图 1-13 所示。

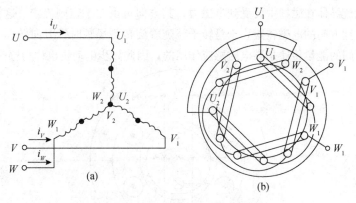

图 1-12　产生四极旋转磁场的定子绕组

（a）接线图；（b）端面图

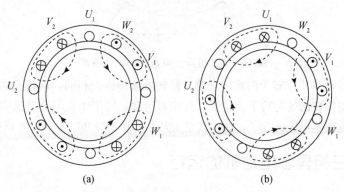

图 1-13　四极旋转磁场

（a）$\omega t = 0°$；（b）$\omega t = 60°$

4. 旋转磁场的转速

三相异步电动机的转速与旋转磁场的转速有关，而旋转磁场的转速决定于旋转磁场的极数。可以证明在磁极对数 $p = 1$ 的情况下，三相定子电流变化一个周期，所产生的合成旋转磁场在空间亦旋转一周。当电源频率为 f 时，对应的旋转磁场转速 $n_0 = 60f$。当电动机的旋转磁场具有 p 对磁极时，合成旋转磁场的转速为：$n_0 = \dfrac{60f}{p}$，式中，n_0 称为同步转速即旋转磁场的转速，其单位为 r/min（转/分）。我国电网的电源频率 $f = 50$ Hz，故当电动机磁极对数 p 分别为 1、2、3、4 时，相应的同步转速 n_0 分别为 3 000 r/min、1 500 r/min、1 000 r/min、750 r/min。

5. 三相异步电动机的工作原理

图 1-14 所示为三相异步电动机的工作原理图。当定子接通三相电源后，即在定、转子之间的气隙内建立了同步转速为 n_0 的旋转磁场。磁场旋转将切割转子导条，根据电磁感应定律可知，在转子导体中将产生感应电动势，其方向可由右手定则确定。当磁场顺时针旋转时，导体相对磁极为逆时针方向切割磁力线。转子上半边导体感应电动势的方向为向外，下半边导体感应电动势的方向为向内。因转子绕组是闭合的，转子导体中产生电流，电流方向与感应电动势

的方向相同。载流导体在磁场中要受到电磁力,其方向可由左手定则确定。这样,在转子导体上形成一个顺时针方向的电磁转矩,于是转子就随着旋转磁场顺时针方向转动。由于异步电动机定子和转子之间的能量传递是靠电磁感应作用的,因此异步电动机也称为感应电动机。

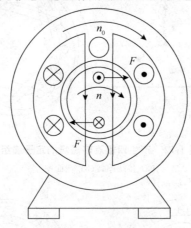

图 1-14　三相异步电动机的工作原理

对于三相异步电动机,转子的旋转方向与旋转磁场的方向相同,但转子的转速要小于旋转磁场的转速,否则旋转磁场与转子之间便没有相对运动,转子中就不会有感应电动势、电流与电磁转矩,转子也就不可能转动了,这也就是为什么叫作"异步"电动机的原因了。

1.1.3　三相异步电动机的运行

1. 转差率

由前节分析可知,三相异步电动机转子的转速 n 要小于旋转磁场的同步转速 n_0。若三相异步电动机带上机械负载,负载转矩越大,则转子的转速 n 与同步转速 n_0 的差距就越大。在分析中,用"转差率"来反映这种"异步"的程度。n_0 与 n 之差称为"转差",转差是异步电动机运行的必备条件。转差与同步转速的比值称为"转差率",通常用 S 表示。即

$$S = \frac{n_0 - n}{n_0} \tag{1-1}$$

转差率是异步电动机的一个基本参量。一般情况下,异步电动机的转差率变化不大,空载转差率在 0.005 以下,满载转差率在 $0.02 \sim 0.06$。可见,额定运行时,异步电动机的转子转速非常接近同步转速。

例 1-1　一台三相异步电动机,其额定转速 $n = 1\ 465$ r/min,电源频率 $f = 50$ Hz。试求电动机的极对数和额定负载下的转差率。

解: 根据异步电动机转子转速与旋转磁场同步转速的关系可知

$$n_0 = 1\ 500 \text{ r/min}$$

即

$$p = 2$$

额定转差率为

$$S = \frac{n_0 - n}{n_0} = \frac{1\ 500 - 1\ 465}{1\ 500} = 0.0233$$

2. 电磁转矩

电磁转矩是三相异步电动机将输入的电能转换成机械能输出的重要物理量。由三相异步电动机的转动原理可知，异步电动机的电磁转矩 T 是由转子电流与旋转磁场的每极磁通相互作用而产生的，磁场越强，转子电流越大，电磁转矩也越大。其一般的表达式为

$$T = K_T \varphi_2 I_2 \cos\varphi_2 \tag{1-2}$$

式中　T——电动机的电磁转矩，单位为 N·m；

　　　K_T——与电动机结构有关的常量；

　　　Φ——旋转磁场每极的磁通量，单位为 Wb；

　　　I_2——转子电流的有效值，单位为 A；

　　　φ_2——转子电流滞后于转子电动势的相位角，又称为转子电路的功率因数角。

3. 三相异步电动机的三种运行状态

三相异步电动机转子导体与旋转磁场存在相对切割（$n \neq n_0$），则会在转子绕组中产生感应电动势和感应电流，从而产生电磁转矩。下面我们通过转差率的值来说明电动机的运行状态。

（1）电磁制动状态。如图 1-15（a）所示，若施加外力，使电动机的转子逆着旋转磁场的方向转动，则 $n < 0$，为负值。此时，转差率 S 为正值，且满足 $S > 1$。转子电动势 E_2、电流 I_2 和电磁转矩 T 同电动机运行状态相同。相对于转子实际转动方向而言，电磁转矩属于制动性质，因此称为电磁制动状态。从功率关系看，此时输入的电功率及外力功率，都转换为电动机内部损耗。

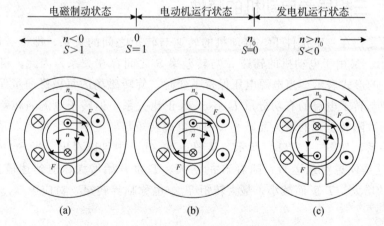

图 1-15　三相异步电动机的三种运行状态

(a) 电磁制动状态；(b) 电动机运行状态；(c) 发电机运行状态

（2）电动机运行状态。如图 1-15（b）所示，当电动机正常运行时，旋转磁场的转速大于转子的转速，此时，转差率 S 为正值，且满足 $0 < S < 1$。相应地转子电动势 E_2 和电流 I_2 均记为正值，电磁转矩 T 也记为正值（驱动转子运行），电动机将输入的电功率转换成机械功率输出。

（3）发电机运行状态。如图 1-15（c）所示，若施加外力，使电动机的转子顺着旋转磁场的方向转动，并且使转子的转速大于同步转速，即 $n > n_0$。此时，转差率 S 为负值。

此时，转子导体相对切割旋转磁场的方向与电动机运行状态方向相反，因此，转子电动势 E_2、电流 I_2 和电磁转矩 T 同电动机运行状态相反，属于制动转子的性质。若外力克服此电磁制动转矩维持转子恒定转速，则表明输入了机械功率，而电流反向，表示电机向电源输出电功率，即发电状态。

例 1-2 某异步电动机额定转速 n 为 1 450 r/min，接 50 Hz 电源工作，则其额定负载时的转差率为多少？由于电源故障，工作电源频率突降到 45 Hz，问此瞬间电动机的转差率为多少？电机处于什么工作状态，能否稳定运行？

解： 由于额定转速接近 1 500 r/min，因此，$n_0 = 1\,500$ r/min，$p = 2$。

转差率为

$$S = \frac{n_0 - n}{n_0} = \frac{1\,500 - 1\,450}{1\,500} = 0.03333$$

当电源频率变为 45 Hz 时，同步转速变为 $n_0^t = \dfrac{60f}{p} = \dfrac{60 \times 45}{2} = 1\,350$ r/min，此瞬间由于机械惯性认为转子的转速仍为 1 450 r/min，则此瞬间电动机的转差率为

$$S^t = \frac{n_0^t - n}{n_0^t} = \frac{1\,350 - 1\,450}{1\,350} = -0.0741 < 0$$

由于 $S^t < 0$，故此瞬间电动机处于发电机运行状态，电磁转矩 T 为制动转矩，又无外机械转矩输入，故知转子将减速，直到再次变为电动机状态，将在 $n < 1\,350$ r/min 状态下稳定运行。

1.1.4 三相异步电动机的特性

机械特性是指在一定条件下，电动机的转速与转矩之间的关系，即 $n = f(T)$，如图 1-16 (a) 所示。又由于电动机的转速 n 与转差率 S 之间存在关系，因此，机械特性也常用 $T = f(S)$ 的形式表示。当电源电压保持不变时，旋转磁场的每极磁通量保持不变，因此，电磁转矩与转子电流的有功分量 $I_2 \cos\varphi_2$ 成正比关系，但转子电流随转差率的增大而增大，功率因数随转差率的增大而减小，因此电磁转矩与转差率 S 之间的关系不能简单地描述为比例关系，如图 1-16 (b) 所示。从图 1-16 (b) 中可以看出，当 $S = 0$，即 $n = n_0$ 时，$T = 0$，这是理想空载运行；随着 S 的增大，T 也开始增大，但到达最大值 T_{max} 以后，随着 S 的增大，T 反而减小，最大转矩 T_{max} 也称临界转矩，对应于 T_{max} 的 S_m 称为临界转差率。

当电动机起动时，只要起动转矩大于负载转矩，电动机就会转动起来，电磁转矩 T 的变化沿曲线 AB 段运行。随着转速的上升，AB 段中的 T 一直增大，所以转子一直被加速，使电动机很快越过 AB 段进入 BD 段；在 BD 段随着转速上升，电磁转矩下降，当转速上升为某一定值时，电磁转矩 T 与负载转矩相等，此时转速不再上升，稳定运行在 BD 段。因此，可以最大转矩 T_{max} 为界，将机械特性曲线分为两个区，上部为稳定区（BD 段）称为硬特性；下部为不稳定区（AB 段）。当电动机工作在稳定区内某一点时，电磁转矩与负载转矩相平衡而保持匀速转动。如果负载转矩变化，电磁转矩将自动适应随之变化达到新的平衡而稳定运行。当电动机工作在不稳定区时，电磁转矩将不能自动适应负载

转矩的变化，因而不能稳定运行。

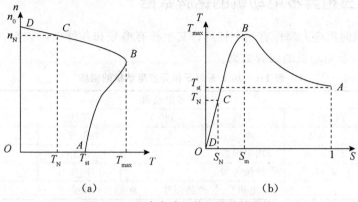

图 1-16　异步电动机的机械特性曲线

(a)　$T = f(s)$ 曲线；(b)　$n = f(T)$ 曲线

　　(1) 额定转矩 T_N。额定转矩指的是电动机在额定电压下，带上额定负载，以额定转速运行，输出额定功率时的转矩，通常用 T_N 表示，即

$$T_N = 9\,550P_N / n_N \tag{1-3}$$

式中　T_N——异步电动机的额定转矩，单位为 N·m；

　　　　P_N——异步电动机的额定功率，单位为 kW；

　　　　n_N——异步电动机的额定转速，单位为 r/min。

　　(2) 起动转矩 T_{st}。电动机在接通电源被起动的最初瞬间，$n = 0$，$s = 1$ 时的转矩称为起动转矩，用 T_{st} 表示（图 1-16 特性曲线上 A 点）。为了保证电动机能够起动，起动转矩 T_{st} 必须大于电动机静止时的负载转矩。电动机一旦起动，会迅速进入机械特性的稳定区运行。通常起动转矩与额定转矩的比值称为电动机的起动转矩系数，通常用 K_S 表示，即

$$K_S = T_{st} / T_N \tag{1-4}$$

　　一般，电动机的起动能力 K_S 取 1.3～2.2。当 $T_{st} < T_N$ 时，电动机无法起动，造成堵转现象，电动机电流达到最大，造成电动机过热，甚至烧坏电动机。

　　(3) 最大转矩 T_{max}。电动机转矩的最大值称为最大转矩，用 T_{max} 表示（或称为临界转矩，对应于图 2-16 特性曲线上 B 点）。电动机正常运行时，最大负载转矩不可超过最大转矩 T_{max}。当负载转矩超过 T_{max} 时，电动机将带不动负载而发生停车，俗称"闷车"。此时电动机的电流（堵转电流）立即增大到额定电流值的 6～7 倍，将引起电动机严重过热，甚至烧坏。因此，电动机在运行中一旦发生闷车，应立即切断电源，并卸去过重的负载。如果负载转矩只是短时间接近最大转矩而使电动机过载，这是允许的，因为时间很短，电动机不会立即过热。通常，额定转矩 T_N 要选得比最大转矩 T_{max} 小，这样电动机便具有短时过载运行的能力。过载能力通常用过载系数 λ 来表示，过载系数 λ 为最大转矩 T_{max} 与额定转矩 T_N 的比值，即

$$\lambda = T_{max} / T_N \tag{1-5}$$

　　一般三相异步电动机的过载系数为 1.8～2.2。

1.1.5 三相异步电动机的铭牌数据

异步电动机的机座上都标有一个铭牌，其上标有型号和各种额定数据。表1-1给出了某Y系列三相异步电动机的铭牌数据。

表1-1 某Y系列三相异步电动机的铭牌

三相异步电动机					
型号	Y132M-4	电压	380 V	接法	△
功率	7.5 kW	电流	15.4 A	工作方式	连续
转速	1 450 r/min	功率因数	0.85	温升	750
频率	50 Hz	绝缘等级	B	出厂年月	×年×月
×××电机厂　产品编号　重量　千克					

1. 型号

三相异步电动机的型号是表示三相异步电动机的类型、用途和技术特征的代号。每一种型号代表一系列电机产品，同一系列电机的结构、形状相似，容量也按一定比例递增。通常型号由具有代表意义的大写拼音字母和阿拉伯数字组成。

例如：Y表示异步电动机，R代表绕线式，D代表多速等，如图1-17所示。

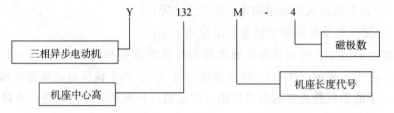

（S–短机座；M–中机座；L–长机座）

图1-17 三相异步电动机型号的表示

常用三相异步电动机产品名称代号及汉字意义如表1-2所示。

表1-2 常用三相异步电动机产品名称代号及汉字意义

产品名称	新代号（旧代号）	汉字意义
鼠笼式异步电动机	Y，Y-L（J，JO）	异步
绕线式异步电动机	YR（JR，JRO）	异步 绕线
防爆型异步电动机	YB（JB，JBS）	异步 防爆
防爆安全型异步电动机	YA（JA）	异步 安全
高起动转矩异步电动机	YQ（JQ，JQO）	异步 起动

表1-2中Y、Y-L系列是新产品。Y系列定子绕组是铜线，Y-L系列定子绕组是铝线。小型异步电动机机座号与外径及中心高关系如表1-3所示。

表1-3 小型异步电动机机座号与外径及中心高关系

机座号	1	2	3	4	5	6	7	8	9

（续表）

机座号	1	2	3	4	5	6	7	8	9
定子铁芯外径/mm	120	145	167	210	245	280	327	368	423
中心高度/mm	90	100	112	132	160	180	225	250	280

2. 电压

铭牌上的电压是指电动机额定运行时，加在定子绕组出线端的线电压，即额定电压，用 U_N 表示。电源电压值的变动一般不应超过额定电压的 ±5%。电压过高，电动机容易烧毁；电压过低，电动机难以起动，即使起动后电动机也可能带不动负载，容易烧坏。

3. 电流

铭牌上的电流是指电动机在额定运行时，定子绕组中的线电流，即额定电流，用 I_N 表示。若超过额定电流（过载）运行，三相电动机就会过热乃至烧毁。

4. 接法

接法指的是定子绕组的接线方法。一般鼠笼式电动机的接线盒中有六根引出线，标有 U_1、U_2、V_1、V_2、W_1、W_2。这些引出线是三相绕组的六个出线端，与六个接线柱相连。电动机如标有两种电压值，如 220/380 V，则表示当电源电压为 220 V 时，电动机应作三角形连接；当电源电压为 380 V 时，电动机应作星形连接。通常，Y 系列 4 kW 以上的三相异步电动机运行时均采用三角形接法，以便于采用 Y-△降压起动。

5. 功率、功率因数和效率

铭牌上的功率指电动机在额定运行状态下，其轴上输出的机械功率，即额定功率，用 P_N 表示。对电源来说电动机为三相对称负载，则电源输出的功率为

$$PI_N = \sqrt{3} U_N I_N \cos\varphi \tag{1-6}$$

式中　$\cos\varphi$——定子的功率因数，即定子相电压与相电流相位差的余弦。

鼠笼式异步电动机在空载或轻载时的 $\cos\varphi$ 很低，为 $0.2\sim0.3$。随着负载的增加，$\cos\varphi$ 迅速升高，额定运行时功率因数为 $0.7\sim0.9$。为了提高电路的功率因数，要尽量避免电动机轻载或空载运行。因此，必须正确选择电动机的容量，防止"大马拉小车"，并力求缩短空载运行时间。

电动机的效率为

$$\eta = (P_N/PI_N) \times 100\% \tag{1-7}$$

通常情况下，电动机额定运行时的效率为 $72\%\sim93\%$。

6. 频率

铭牌上的频率是指定子绕组外加的电源频率，即额定频率，用 f_N 表示。我国电网的频率（工频）为 50 Hz。

7. 绝缘等级

绝缘等级是根据电动机绕组所用的绝缘材料、按使用时的最高允许温度而划分的不同等级。常用绝缘材料的等级及其最高允许温度如表 1-4 所示。

表 1-4 常用绝缘材料的等级及其最高允许温度

绝 缘 等 级	A	E	B	F	H	C
最高允许温度/℃	105	120	130	155	180	＞180

上述最高允许温度为环境温度（40℃）和允许温升之和。

8. 转速

铭牌上的转速是指电动机在额定电压、额定频率及输出额定功率时的转速，用 n_N 表示。由于额定状态下 S_N 很小，n_N 和 n_0 相差很小，故可根据额定转速判断出电动机的磁极对数。例如，若 $n_N = 1\ 475$ r/min，则其 n_0 应为 $1\ 500$ r/min，从而推断出磁极对数 $p = 2$。

9. 工作方式

工作方式是对电动机在铭牌规定的技术条件下持续运行时间的限制，以保证电动机的温升不超过允许值。电动机的工作方式可分为以下三种。

（1）连续工作方式。在额定状态下可长期连续工作，用 S_1 表示，如机床、水泵、通风机等设备所用的异步电动机。

（2）短时工作。在额定情况下，持续运行时间不允许超过规定的时限，否则会使电动机过热，用 S_2 表示。短时工作分为 10 min、30 min、60 min、90 min 等四种。

（3）断续工作。可按与系列相同的工作周期、以间歇方式运行，用 S_3 表示，如吊车、起重机等。

10. 防护等级

防护等级是指外壳防护型电动机的分级，用 IP×× 表示。其后面的两位数字分别表示电动机防固体和防水能力。数字越大，防护能力越强，如 IP 44 中第一位数字"4"表示电机能防止直径或厚度大于 1 mm 的固体进入电机内壳；第二位数字"4"表示能承受任何方向的溅水。

在铭牌上除了给出以上主要数据外，有时还要了解其他一些数据，一般可从产品资料和有关手册中查到。

1.1.6 三相异步电动机的选择

三相异步电动机的选择包括种类、功率、转速、电压和结构形式等。

1. 种类的选择

电动机的种类要从交流或直流、机械特性、调速与起动特性、维护及价格等多方面考虑。生产上常用的是三相交流电，因此，若没有特殊要求，应采用交流电动机。由于三相鼠笼式异步电动机结构简单、坚固耐用、工作可靠、价格低廉、维护方便，因此，在要求机械特性较硬而无特殊要求的一般生产中，多采用鼠笼式异步电动机。例如，水泵、通风机、运输机、传送带和机床等都采用的是鼠笼式异步电动机。

绕线式异步电动机的基本性能与鼠笼式异步电动机相同，相比鼠笼式异步电动机而言，其起动性能较好，并可在不大的范围内实现平滑调速，但其价格比鼠笼式异步电动机贵，维护亦比较麻烦。因此，只有在某些必须采用绕线式异步电动机的场合（如起重机、锻压机等）才使用。

2. 功率的选择

电动机的功率大小应根据生产机械的需要而定。各种机械对电动机的功率要求不同。若电动机的功率过小，有可能带不动负载，即使能起动，也会因电流超过额定值而使电动机过热，影响其使用寿命；若电动机的功率过大，就不能充分发挥作用，电动机的效率和功率因数都会降低，从而造成电力和资金的浪费。一般来说，对于连续运行的电动机，若负载是恒定的，则所选电动机的额定功率比生产机械的功率大 10% 左右，以补偿传动过程中的机械损耗，防止意外的过载情况。对于短时运行的电动机，功率可允许适当过载。

3. 转速的选择

在功率相同的条件下，电动机的转速越低，则体积越大，价格也越高。但电动机的转速越高，则起动转矩就越小，起动电流越大，电动机的轴承也容易磨损。因此，在农业生产上，一般选用 1 450 r/min 的电动机，这种电动机转速中等，适用性强，功率因数和效率也较高。

4. 电压的选择

电压的选择要根据电动机的种类、功率及使用地点的电源电压来决定。三相异步电动机的额定电压有 380 V、3 000 V、6 000 V 等多种。Y 系列三相异步电动机的额定电压统一为 380 V。

5. 结构形式的选择

依据使用环境的不同，应选择不同结构形式的电动机，以保证能安全可靠的运行。电动机常用的结构形式有开启式和封闭式两大类。

（1）开启式电动机。开启式电动机的机壳有通风孔，内部空气同外界相流通。与封闭式电动机相比，其冷却效果良好，电动机形状较小。因此，在周围环境允许的情况下应尽量采用开启式电动机。开启式电动机又可分为以下几类。

①防护式：机壳通风孔部分用金属网等防护，可防止外界杂物进入电动机内。

②防滴式：可防止水流进入电动机内。

③防滴防护式：具有前两者的特点。

④防腐式：可在有腐蚀性气体的环境中使用。

（2）封闭式电动机。封闭式电动机有封闭的外壳，电动机内部空气与外界不流通，其冷却效果较开启式电动机差，且外形较大，价格较高。封闭式电动机又可分为以下几类。

①全封闭防腐式：可在有腐蚀性气体的环境中使用。

②全封闭冷却式：电动机的转轴上装有冷却风扇。

③耐压防爆式：可防止电动机内部气体爆炸而引起外界爆炸性气体爆炸。

④充气防爆式：电动机内充有空气或非可燃性气体，内部压力较高，可防止外界爆炸性气体进入电动机。

对于有爆炸性气体的场所，必须选用防爆式电动机；有腐蚀性气体、液体的场所，应使用全封闭防腐式电动机；在高粉尘的场所，则需选用全封闭冷却式电动机。

1. 任务内容

三相异步电动机的选择与使用。

2. 任务要求

三相异步电动机的选择与使用的任务要求如下。

（1）正确将三相电源接入三相异步电动机，能够正常工作。

（2）正确使用电压表、电流表、兆欧表测量数据。

（3）填写任务报告。

3. 设备工具

三相异步电动机的选择与使用的设备工具主要有以下几个。

（1）电机控制实训台（含低压电器元件）：1套。

（2）三相异步电动机：1台。

（3）万用表、交流电压表、电流表、兆欧表：各1块。

（4）电工工具：1套。

（5）1.5 mm²、1.0 mm² 导线若干。

4. 实施步骤

三相异步电动机的选择与使用的实施步骤如下。

（1）观察电动机的铭牌，将电动机的额定参数填写到表1-5中。

表1-5　电动机的额定参数

型号		功率		频率	
电压		电流		接法	
转速		绝缘等级		工作方式	

（2）通过电源开关将电动机接入三相交流电源，接入电压表、电流表。

（3）使用万用表测量电动机各绕组直流电阻，使用兆欧表测量电动机的绝缘电阻填写到表1-6中。

表1-6　使用兆欧表测量电动机的绝缘电阻

序号	测量项目		阻值
1	绕组直流电阻	U 相	
		V 相	
		W 相	

（续表）

序号	测量项目		阻值
2	对地绝缘电阻	U 相	
		V 相	
		W 相	
3	相间绝缘电阻	$U\text{-}V$	
		$V\text{-}W$	
		$W\text{-}U$	

（4）分别使电动机正向起动、反向起动、断相起动，测量电压电流数据填写到表 1-7 中。

表 1-7 测量电压电流数据

电源电压	电动机状态	起动电流	空载转速	空载电流		
				I_U	I_V	I_W
	正向起动					
	反向起动					
	断相起动					

5. 考核标准

三相异步电动机的选择与使用考核标准如表 1-8 所示。

表 1-8 三相异步电动机的选择与使用考核标准

项目内容	分数	扣分标准	得分
元器件安装及接线	30	（1）元器件安装错误，每处扣 5 分； （2）线路连接错误，每处扣 5 分； （3）线路连接不美观，不利于测量，扣 10 分	
通电测试	40	（1）不能进行通电测试，扣 40 分； （2）通电测试不准确，每处扣 5 分； （3）读数错误，每处扣 5 分	
仪器仪表使用	20	（1）仪器仪表操作不规范，每处扣 10 分； （2）仪表量程选择错误，每处扣 10 分； （3）读数错误，每处扣 5 分	
安全操作	10	（1）不遵守实训室规章制度，扣 10 分； （2）操作过程人为损坏元器件，扣 10 分； （3）未经允许擅自通电，扣 10 分	
合计			

任务 1.2 三相异步电动机的拆装与检修

三相异步电动机与其他电动机相比，具有结构简单，制造、使用和维护方便，运行可靠及质量轻、成本低等优点；在保养维护和维修时，都需要对电动机进行拆装。

掌握三相异步电动机的结构；能正确拆装三相异步电动机并进行简单故障的检修。

1.2.1 三相异步电动机的安装

中小型电动机一般与工作机械配套整体安装，用螺栓安装在金属底板或导轨上，也有些电动机直接安装在混凝土基础上，用预埋的地脚螺栓固定电动机，其就位、找平等工作均在混凝土基础上进行，如图 1-18 所示。钢筋混凝土基础的平面尺寸一般按金属底板或电动机的机座尺寸外加 100 mm 左右，基础深度可按地脚螺栓长度的 1.5～2 倍选取。安装地点尽可能在干燥、防雨、通风散热条件好、便于操作、维护、检修的地方。安装时视其大小用人力或起重机械将电动机抬到基础上。对于较重的电动机，可用三角架或手拉葫芦吊装，穿好地脚螺栓，用垫铁垫平校正后，再在螺栓孔内浇筑混凝土，用铁钎捣实，待地脚螺栓在混凝土中固结后才能拧螺母。拧螺母时，要按对角交错次序拧紧。

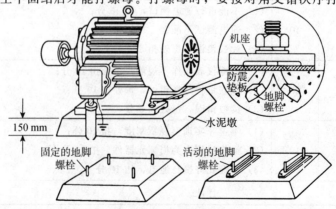

图 1-18 电动机的固定

1.2.2　三相异步电动机的定期维修

1. 绕组的首尾端判断

三相异步电动机的定子绕组由三相对称绕组构成，首端常用 U_1、V_1、W_1 表示，尾端常用 U_2、V_2、W_2 表示。在接线盒中，常将电动机的三个首端接到接线盒下排三个接线柱上，三个尾端接在上排三个接线柱上，如图 1-19 所示。上、下两接线柱不是接同一相绕组的两端，同一相绕组的两端已错开接线。若电动机的接线柱烧毁，三个绕组的六个端已搞乱，则须对绕组的首尾端进行判断，下面介绍用交流电源和万用表判断绕组的首尾端的方法。

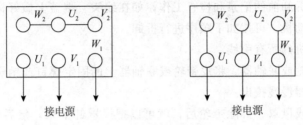

图 1-19　电源接线图

（1）将第一个绕组的 1、4 端接万用表的交流电压挡，将另两个绕组的 2、3 端短接（串联），然后将另两个绕组的 5、6 端接 220 V 交流电，指定 2 端为首端，若万用表读数为 0 V 或几伏，如图 1-20（a）所示，则表明串联的两个绕组是首首相接，即 3 为首端；若万用表的读数较大，如图 1-20（b）所示，则表明串联的两个绕组是首尾相接，即 3 为尾端。

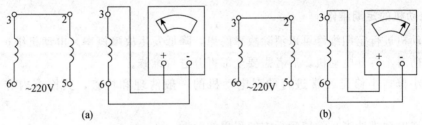

(a)　　　　　　　　　　　　　　　　　(b)

图 1-20　判断绕组首尾端方案 1

（a）读数为 0V 或几伏；（b）读数较大

（2）同理，将 3、6 端接万用表的交流电压挡，将 1、2 端短接（串联），然后将另两个绕组的 4、5 端接 220 V 交流电；若不用表读数为 0 V 或几伏，如图 1-21（a）所示，则表明 1 为首端；若万用表读数较大，如图 1-21（b）所示，则表明 1 为尾端。

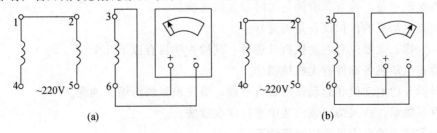

(a)　　　　　　　　　　　　　　　　　(b)

图 1-21　判断绕组首尾端方案 2

（a）读数为 0 或几伏；（b）读数较大

（3）用万用表判断同一相绕组的两个线头。用万用表的电阻挡接六个线头中的任意两个，若阻值很大，则不是同一相绕组的两端；此时万用表的红表笔（或黑表笔）不动，另一支表笔依次接其他五个线头，若阻值很小，则表明此时两支表笔接的两个线头同属同一相绕组。

同理，可测出另外两相绕组各自的线头。为了叙述方便，可以把第一个绕组的两端编号为1、4，第二个绕组的两端编号为2、5，第三个绕组的两端编号为3、6。

2. 电动机的拆卸与装配

对电动机进行检修和维护保养时，经常需要拆卸与装配电动机。拆卸前，首先要准备好各种工具，做好拆卸前的记录和检查工作，如在线头、端盖上做好标记，以便修复后的装配。对于一般电动机，可按如下顺序进行拆卸。

（1）拆除电动机的所有引线。

（2）拆除皮带轮或联轴器。将皮带轮或联轴器上的固定螺钉或销子卸下，再用专用工具将皮带轮或联轴器慢慢拉出。

（3）拆除风扇或风罩。拆除带轮后，就可以把风罩卸下来，然后取下风扇定位螺栓，用锤子轻敲风扇四周，卸下风扇。

（4）拆卸轴承盖和端盖。

（5）抽出转子。

对于有特殊结构的电动机，应依据具体情况进行处理。装配大体上可按拆卸的逆向顺序进行，装配时注意各部分的清洁，定子内绕组端部、转子表面都要吹刷干净。

3. 电动机的定期维修

对电动机进行定期维修可以消除故障隐患，降低发生故障概率。电动机维护分为小修和大修。前者不拆开电动机，后者需要全部拆开进行维修。

（1）小修。小修是经常进行的对电动机的一般清理和检查，其检查内容包括以下几个。

①擦洗电动机外壳，除掉运行中的积累的污垢。

②检查电动机的端盖、地脚螺栓是否紧固。

③检查电动机接地线是否可靠。

④检查电动机与负载机械间的传动装置是否良好。

⑤测量电动机的绝缘电阻。

⑥拆除轴承盖，检查润滑油，及时添加或更换。

⑦检查电动机的保护设备是否完好。

（2）大修。大修应对电动机拆开进行，其检查项目有以下几个。

①检查电动机各部件有无机械损伤。

②对拆开的电动机和起动设备进行清理，清除积累的污垢、油泥。

③拆开轴承，放入柴油或汽油中进行彻底清洗。

④用兆欧表检查定子绕组绝缘情况。

⑤检查定、转子铁芯是否有磨损和变形。

1.2.3 电动机故障的检查方法

电动机的故障可分为机械故障和电气故障两类。机械故障主要是轴承、铁芯、风扇、机座、转轴等的故障，一般比较容易观察和发现。电气故障主要是定子绕组、转子绕组、电刷等的故障。当电动机出现故障时，都将对电动机的正常运行带来影响。故障处理的关键是找到故障位置与故障原因。检查电动机的故障一般步骤如下。

1. 调查

向操作人员认真了解电动机的型号、规格、使用条件及年限，以及电动机在发生故障时的运行情况。

2. 察看

依据电动机故障情况选用不同的察看方法，有时可以把电动机接上电源进行短时运转，直接观察记录故障情况；有时不能接电源，可通过仪表测量或观察来进行分析判断。

1.2.4 三相异步电动机常见故障及处理方法

电动机使用不当或者使用日久，电气部分发生故障是在所难免的，对于三相异步电动机，电动机的电气故障，主要指定子绕组接地、短路、断路及定子铁芯和转子绕组等故障，这些故障一般会造成电动机不起动或运转不正常。

1. 定子绕组接地故障

由于电动机绕组绝缘受到损坏，造成绕组的导体和铁芯、机壳之间相碰，称之为绕组接地。绕组接地故障会造成故障相绕组电流过大，绕组局部过热，严重时会造成相间短路，烧毁绕组。绕组接地故障通常受到配电设备的保护，故障可通过兆欧表检查确定。

绕组接地故障多数是由于定、转子绝缘老化、电动机受潮引起，或是在恶劣环境中，潮湿、腐蚀性气体、粉尘进入电动机绕组内部造成。绕线式异步电机则多是由于落在线圈上的碳刷的碳粉长期未得到清扫，导致绕组绝缘遭到损坏。

2. 定子绕组短路故障

定子绕组中相邻两条导线之间的绝缘损坏后，两导体接触相通，称之为绕组短路。发生在同一绕组中的绕组短路称为匝间短路。发生在两相绕组之间的绕组短路称为相间短路。不论是哪一种，都会引起故障相电流急剧变大，局部烧毁（或全部烧毁）电动机定子绕组。

引起定子绕组短路的原因主要有绕组受潮严重，未经烘干处理就接入电源，造成电源电压击穿绝缘；电机长期过载运行，绝缘物老化、脱落；维修中碰伤绝缘物或绕组端部、层间、相间绝缘纸没有垫好。

一般匝间短路对电动机绕组只会造成局部损坏，可将损坏的绕组取出，局部更换绕组，但处理过程须注意做好绝缘处理，不要对原先没有受损的绕组造成绝缘损坏，如果线圈受损伤的部位过多，或多相绕组烧毁，则必须更换全部绕组。绕组短路故障通常受到配电设备的保护，故障可通过兆欧表检查确定。

3. 定子绕组断路故障

定子绕组断路故障是指电动机的定子或转子绕组碰断或烧断造成的故障。绕组断路多数发生在定子引出线以及各绕组之间的连线及接头处，它们大多处在电动机铁芯端部或引出机壳，容易受到端盖磨碰或折断，接头处若焊接不实，也会因长期受热后松脱。绕组断路多数为一相断路。定子绕组一相断路时，电动机缺相运行，出力不足，三相电流变大并严重不平衡，时间稍长就会导致电动机烧毁。

4. 定子铁芯损坏

三相异步电动机的定子铁芯是电动机磁路的组成部分。若电动机长期处于潮湿、有腐蚀的气体环境中，会使电动机铁芯表面锈蚀、铁芯压装扣片开焊、铁芯与机壳配合松动、铁芯冲片高低不齐等。如果铁芯外圆不齐，会造成铁芯与机壳接触不良，影响封闭式电动机的热传导，使电动机温升过高。如果铁芯内圆不齐，有可能使定子、转子相擦。如果铁芯槽壁不齐，则会造成嵌线困难，并且容易损坏缘槽绝。如果铁芯压装扣片开焊，铁芯齿部弹开度过大，就相当于气隙有效长度增大，会使电动机励磁电流增加，功率因数下降，铁耗增加，温升过高。

5. 绕线式异步电动机的滑环、碳环配合不良引起的故障

绕线式异步电动机故障多数表现为滑环、碳环间火花增大或出现环火、滑环烧毛、滑环发热等。滑环、碳环间火花增大，最初都是因为刷握上弹簧的压力不足，碳环与滑环接触不良引起的，时间长了，就会造成环火，烧毛滑环，进而恶性循环，造成滑环发热甚至松动。因此，绕线式异步电动机的碳刷要定期检查其磨损情况，调节刷握上弹簧的压力，并清理碳粉。当碳刷磨损到只剩下 1/3 时，要及时更换新碳刷。对于已烧毛的滑环要连转子一起拆下，上车床对滑环进行光刀处理，或更换滑环。

更换碳刷时，必须更换同规格、同型号的碳刷。因为规格上的差异会使碳刷在刷握中不能自由滑动，造成与滑环接触不良或造成碳刷在刷握中晃动，并在滑环上跳动打火，将滑环烧毛。不同型号的碳刷，其铜和碳的含量各不相同，碳刷型号的选择，主要取决于滑环的材质和线速度。切忌为了延长碳刷使用时间而毫无根据地随意改用含铜量高的碳刷。须知，碳刷型号与滑环不匹配，也是引起滑环烧毛、滑环发热松动的重要原因。

6. 缺相运行

如果由于某种原因，造成三相异步电动机定子绕组的一相无电流，如熔断器熔断一相或定子绕组一相断路，统称断相。缺相是电动机正常运行的大忌，造成电动机缺相主要有以下情况。

（1）电源缺相，由于供电线路故障，电源在到达电动机保护线路前，就已少一相或两相，它可造成电动机无法起动或起动运转异常。

（2）配电变压器高端侧或低端侧一相断电（熔断器一相熔断）造成电动机缺相运行，在这种情况下，由该变压器供电的所有电动机都会缺相运行。

（3）保护线路造成缺相，保护线路中的控制开关、接触器、继电器等的电器触点氧化、烧伤、松动、接触不良等现象造成缺相。

（4）接线端子触点氧化造成接触不良，电机定子三相绕组中一相绕组断开，从而造成电动机运行缺相。

（5）闸刀开关上的熔体没有拧紧，或拧得太紧（将熔体端头压断），熔体出现浮体现象。当通过电流稍大时，熔体便会熔断，造成电动机缺相运行。此外，熔断器选择不合适，有一相由于熔体选择偏小而熔断，也会造成电动机缺相运行。

（6）电动机某处接地或断路，出现局部过热现象，将导线熔断，导致电动机缺相运行。

三相电动机缺相运行时，因所带负荷不变，势必会使绕组电流增大，增加发热时间一长会使电动机烧损。因此，三相异步电动机应该在两相以上设有过电流保护，这样，一旦发生一相断路，就能自动切断电源。表 1-9 给出了三相异步电动机常见故障及处理方法。

表 1-9   三相异步电动机常见故障及处理方法

故障现象	可能原因	处理方法
电动机不能起动	（1）三相供电线路断路； （2）定子绕组一相断路； （3）电源电压过低； （4）负载过大； （5）定子绕组短路； （6）开关或起动装置触点接触不良	（1）更换保险丝； （2）用万用表查找断路处，并做相应的修复； （3）提高电源电压； （4）适当减轻拖动负载； （5）找出匝间、相间的短路点，并做绝缘处理或更换绕组； （6）检查开关或起动装置触点，如不能修复，则更换
电动机外壳带电	（1）电动机的引出线破损； （2）电动机绝缘老化； （3）电动机受潮	（1）更换电动机的引出线； （2）更换绕组及绝缘； （3）用兆欧表测量电动机的绝缘性能，确定绝缘物是否受潮，若是，进行干燥处理
运行时声音异常或震动厉害	（1）安装不牢固； （2）定转子铁芯相擦； （3）转轴严重弯曲； （4）轴承严重磨损或缺油； （5）定子绕组短路	（1）将电动机重新固定平稳； （2）检查定子和转子； （3）更换转轴； （4）重新加润滑脂或更换轴承； （5）找出匝间、相间的短路点，并做绝缘处理或更换绕组

（续表）

故障现象	可能原因	处理方法
电动机转速不稳定	（1）鼠笼式转子断条或脱焊； （2）绕线转子其中一相接触不良； （3）绕线式电动机的滑环短路装置接触不良	（1）查找并修补断条处； （2）更换转子绕组； （3）调整电刷压力，改善电刷与滑环的接触面；修理或更换滑环短路装置
电动机温升过高或冒烟	（1）电动机过载运行； （2）电动机的通风不良； （3）定子绕组有短路或接地故障； （4）定、转子铁芯相擦，轴承磨损等引起的气隙不均匀； （5）重绕定子绕组时匝数或导线截面积过小； （6）铁芯硅钢片间的绝缘损坏，使铁芯涡流损失增大	（1）减轻负载或更换功率较大的电动机； （2）检查风叶是否脱落，清理进、出风口，保持风道畅通； （3）局部修复绕组或更换绕组； （4）更换磨损的轴承、校正转子铁芯或转轴，并进行修理； （5）按标准数据重绕或重测原始数据后重绕； （6）对铁芯进行绝缘处理
运行一段时间后，轴承过热	（1）轴承损坏； （2）转轴弯曲，使轴承受外力； （3）缺润滑油	（1）更换轴承； （2）校正轴承； （3）清洗轴承，重加润滑油

1. 任务内容

三相异步电动机的拆装与检修。

2. 任务要求

三相异步电动机的拆装与检修的任务要求如下。

（1）正确拆卸三相异步电动机，然后正确安装，使电动机能够正常工作。

（2）正确使用电压表、电流表、兆欧表测量数据。

（3）填写任务报告。

3. 设备工具

三相异步电动机的拆装与检修的设备工具主要有以下几个。

（1）电机控制实训台（含低压电器元件）：1套。

（2）三相异步电动机：1台。

（3）万用表、交流电压表、电流表、兆欧表：各1块。

（4）电工工具：1套。

（5）1.5 mm²、1.0 mm² 导线若干。

4. 实施步骤

三相异步电动机的拆装与检修的实施步骤如下。

（1）切断电源，拆下电动机与电源的连接线。

（2）脱开带轮或联轴器与负载的连接，松开地脚螺栓和接地螺栓。

（3）拆卸带轮或联轴器。

（4）拆卸风罩风扇。

（5）拆卸轴承盖和端盖。

（6）抽出或吊出转子。

（7）将电动机转子轴承洗油，滚动轴承上润滑脂。

（8）按照相反的顺序装配电动机。

（9）分别在拆卸前和装配后使用万用表测量电动机各绕组直流电阻，使用兆欧表测量电动机的绝缘电阻填写到表 1-10 中。

表 1-10　使用兆欧表测量电动机的绝缘电阻

序号	测量项目		拆卸前阻值	装配后阻值
1	绕组直流电阻	U 相		
		V 相		
		W 相		
2	对地绝缘电阻	U 相		
		V 相		
		W 相		
3	相间绝缘电阻	$U\text{-}V$		
		$V\text{-}W$		
		$W\text{-}U$		

5. 考核标准

三相异步电动机的拆装与检修考核标准如表 1-11 所示。

表 1-11　三相异步电动机的拆装与检修考核标准

项目内容	分数	扣分标准	得分
仪器仪表使用	20	（1）仪器仪表操作不规范，每处扣 10 分； （2）仪表量程选择错误，每处扣 10 分； （3）读数错误，每处扣 5 分	

（续表）

项目内容	分数	扣分标准	得分
电动机拆装	70	（1）端盖处不做标记，每处扣 10 分； （2）抽转子时碰伤定子绝缘，每处扣 10 分； （3）损坏部件，每处扣 5 分； （4）拆卸步骤、方法不正确，每处扣 5 分； （5）装配前未清理电动机内部，扣 10 分； （6）不按照标记装端盖，扣 5 分； （7）碰伤定子绝缘，扣 5 分； （8）装配后转子转动不灵活，扣 20 分； （9）紧固件未拧紧，每处扣 5 分	
安全操作	10	（1）不遵守实训室规章制度，扣 10 分； （2）操作过程人为损坏元器件，扣 10 份； （3）未经允许擅自通电，扣 10 分	
合计			

 项目小结

三相异步电动机是基于气隙旋转磁场与转子绕组中感应电流相互作用产生电磁转矩，从而实现能量转换的一种交流电动机。三相异步电动机与其他电动机相比，具有结构简单，制造、使用和维护方便，运行可靠及质量轻、成本低等优点，是电动机领域中应用最广泛的一种电动机。本项目主要介绍了三相异步电动机的基本结构、工作原理、机械特性、安装、电气故障及处理方法等内容。

 思考与练习

1. 简述三相异步电动机的结构。

2. 旋转磁场的转向由什么决定的？如何改变旋转磁场的转向？

3. 在额定工作情况下的三相异步电动机，已知其转速为 960 r/min，问电动机的同步转速是多少？磁极对数是多少？转差率是多大？

4. 一台六极三相绕线式异步电动机，在 50 Hz 的电源上额定负载下运行，其转差率为 0.02，求定子磁场的转速、频率及转子磁场的频率和转速。

5. 三相异步电动机起动与负载转矩有哪些关系？是否负载越大，起动电流越大？

6. 有一台 5.5 kW 的三相异步电动机，额定电压为 380 V，额定运行时 $\eta = 0.91$，$\cos\varphi = 0.853$，求电动机的额定电流。

7. 一台额定电压为 380 V 的异步电动机，在某一负载下运行时，测得输入功率为 4 kW，线电流为 10 A，这时电动机的功率因数为多大？若此时测得输出功率为 3.2 kW，则效率多大?

8. 三相异步电动机电气部分的使用注意事项有哪些?

9. 异步电动机电源接通后不能起动,可能是什么原因造成的? 如何处理?

10. 电动机电源接通后外壳带电,可能是什么原因造成的? 如何处理?

11. 简述定子绕组的首位端判断方法。

12. 三相异步电动机断了一根电压线后,为什么不能起动? 而在运行时断了一根电压线,为什么能继续转动? 这两种情况对电动机有何影响?

13. 定子绕组通入三相电源,转子三相绕组开路,电动机能否转动? 为什么?

项目2　电动机基本控制电路

（1）能够对常用低压电气元件进行拆装、测试、检修；

（2）能够正确装配、调试与检修三相异步电动机的基本控制电路。

（1）掌握常用低压电气的结构、原理、选择及使用；

（2）熟悉电气控制电路绘制、设计的基本原则及相应的国家标准；

（3）掌握三相异步电动机全压起动控制电路原理及设计分析；

（4）掌握三相异步电动机降压起动控制电路原理及设计分析；

（5）掌握三相异步电动机正反转控制电路原理及设计分析；

（6）掌握三相异步电动机制动控制电路原理及设计分析；

（7）掌握三相异步电动机变速控制电路原理及设计分析；

（8）掌握控制电路常见的保护环节和故障检修方法。

任务2.1　三相异步电动机全压起动
控制线路装接与调试

　　要使拖动工业机械的电动机按照设定的要求进行运动，必须对电动机进行自动控制。复杂的工业设备电气控制也都是由一些简单的基本环节组成的，目前继电器-接触器控制电路仍然是各种自动控制方式的原理基础。三相异步电动机全压控制是小型电机使用的起动方式，是必须熟练掌握的基本控制电路。

掌握三相异步电动机全压起动控制电路的基本工作原理及设计方法；能选择合适性能的低压电气元件对三相异步电动机全压控制电路进行装配、接线、调试与检修。

2.1.1　电气控制系统图

1. 电气控制系统图中的图形符号和文字符号

（1）电气控制系统图。根据机床设备的机械运动形式对电气控制系统的要求，采用国家统一规定的电气图形符号和文字符号，按照电气设备和电气的工作顺序，详细表示电路、设备或成套装置的全部基本组成和连接关系的图形叫作电气控制系统图。它表达电气控制系统的组成、结构与工作原理。电气控制系统图由图形符号、文字符号组成，并按照GB/T 6988—1993～2002《电气制图》要求来绘制电气控制系统图。

电气控制系统图一般有 3 种：电气原理图、电气元件布置图及电气安装接线图。

（2）图形符号。图形符号表示一个电气设备的图形、标记或字符。这些图形符号必须采用国家标准来表示，

（3）文字符号。文字符号用于标明电气设备、装置和元器件的名称及电路的功能、状态和特征。它分为基本文字符号和辅助文字符号。

2. 电气原理图

电气原理图是根据电气控制系统的工作原理绘制的。它采用电气元件展开的形式，利用图形符号和项目代号来表示电路各电气元件中导电部件和接线端子的连接关系。电气原理图中的电气元件并不是按其实际布置来绘制，而是根据其在电路中所起的作用画在不同的部位上。

电气原理图具有结构简单、层次分明的特点，适于分析电路工作原理、设备调试与维修。电葫芦吊机电气控制线路原理图如图 2-1 所示。

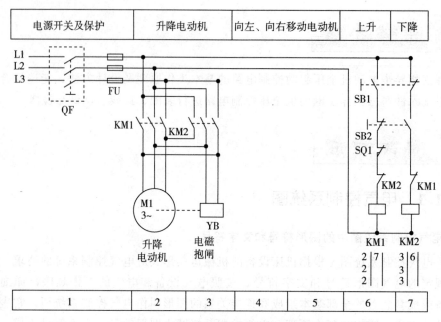

图 2-1 电葫芦吊机电气控制线路原理图

3. 电气元件布置图

电气元件布置图是用来详细表明电气原理图中各电气设备、元器件在电气控制柜和机械设备上的实际安装位置,为电气控制设备的制造、安装、维修提供必要的资料。电气元件布置图可根据电气控制系统复杂的程度采取集中绘制或单独绘制。图中各电气代号应与有关电路图和电气元件清单上所有元器件代号相同。各电气元件的安装位置是由机床的结构和工作要求决定的。电葫芦吊机的电气元件布置图如图 2-2 所示。

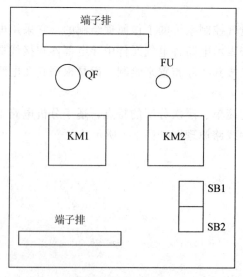

图 2-2 电葫芦吊机的电气元件布置图

4. 电气安装接线图

电气安装接线图用来表明电气设备或装置之间的接线关系，可以清楚地表明电气设备外部元件的相对位置及它们之间的电气连接，是实际安装布线的依据。电气安装接线图主要用于电气的安装接线、线路检查、线路维修和故障处理，通常电气安装接线图与电气原理图和电气元件布置图一起使用。根据表达对象和用途不同，可细分为单元接线图、互连接线图和端子接线图等。电葫芦吊机的接线图如图 2-3 所示。

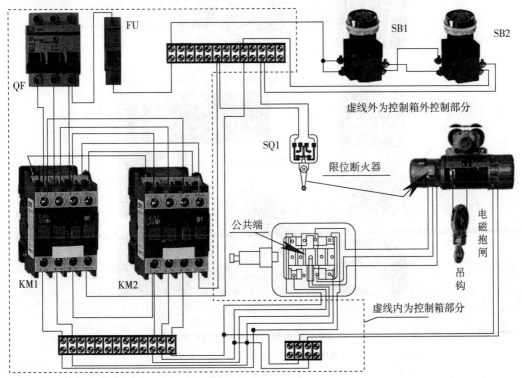

图 2-3　电葫芦吊机的接线图

2.1.2　相关低压电气元件

通常我们把工作在交流 1 200 V、直流 1 500 V 及以下电压的电器，称为低压电气。低压电气一般作为电气设备和供配电系统的通断、控制、保护和调节的电气。

根据其控制对象的不同，低压电气分为配电电气和控制电气两大类。配电电气主要用于低压配电系统和动力回路中，常用的有刀开关、转换开关、熔断器、自动开关等；控制电气主要用于电力传输系统和电气自动控制系统中，常用的有主令电气、接触器、继电器、起动器、控制器、电阻器、变阻器、电磁铁等。

1. 刀开关

常用的刀开关主要有胶盖闸刀开关、低压刀熔开关、铁壳开关等。

（1）胶盖闸刀开关。胶盖闸刀开关又称为开启式负荷开关，广泛用作照明电路和小容量（5.5 kW 及以下）动力电路不频繁起动的控制开关，其外形及结构如图 2-4 所示。刀开关的图形、文字符号如图 2-5 所示。

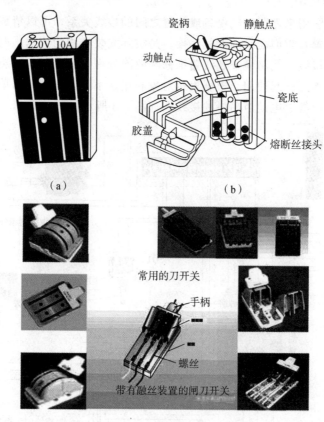

（a）　　　　　　　　　　　（b）

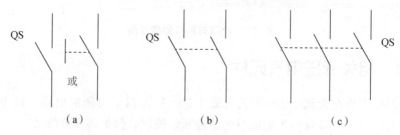

（c）

图 2-4　胶盖闸刀开关外形及结构

（a）二级外形；（b）三极结构；（c）刀开关实物

图 2-5　刀开关的图形、文字符号

（a）单极；（b）双极；（c）三极

　　胶盖闸刀开关具有结构简单、价格低廉和安装、使用、维修方便的优点。选用时，主要根据电源种类、电压等级、所需极数、断流容量等进行选择。控制电动机时，其额定电流要大于电动机额定电流的三倍。

　　（2）低压刀熔开关（又称熔断器式刀开关）。低压刀熔开关由刀开关与熔断器组合而成。低压刀熔开关如图 2-6 所示。

图 2-6 低压刀熔开关

（3）铁壳开关。铁壳开关又称封闭式负荷开关，可不频繁地接通和分断负荷电路，也可用作 15 kW 以下电动机不频繁起动的控制开关，其基本结构如图 2-7 所示。它的铸铁壳内装有由刀片和夹座组成的触点系统、熔断器和速断弹簧，30 A 以上的还装有灭弧罩。常用的铁壳开关为 HK 系列，其型号的含义如下：

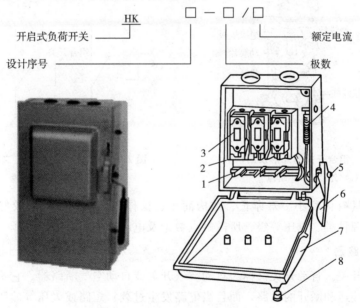

图 2-7 铁壳开关基本结构

1—U 形动触刀；2—静夹座；3—瓷插式熔断器；4—速断弹簧
5—转轴；6—手柄；7—开关盖；8—开关盖锁紧螺钉

铁壳开关具有操作方便、使用安全、通断性能好的优点。选用时可参照胶盖闸刀开关的选用原则进行。操作时，不得面对它拉闸或合闸，一般用左手掌握手柄。若更换熔丝，必须在分开时进行。

2. 组合开关

组合开关由多节触点组合而成，是一种手动控制电气，可用作电源引入开关，也可用作 55 kW 以下电动机的直接起动、停止、反转和调速控制开关，主要用于机床控制电路中。

常用的组合开关有 HZ 系列，其型号的含义如下：

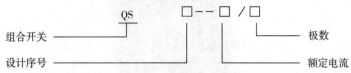

组合开关的外形及结构如图 2-8 所示。其内部有三对静触点，分别用三层绝缘板相隔，各自附有连接线路的接线柱。三个动触点相互绝缘，与各自的静触点相对应，套在共同的绝缘杆上，绝缘杆的一端装有操作手柄，转动手柄，即可完成三组触点之间的开合或切换。开关内装有速断弹簧，以提高触点的分断速度。组合开关的图形、文字符号如图 2-9 所示。

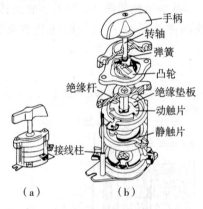

图 2-8 组合开关的外形及结构

(a) 外形；(b) 结构

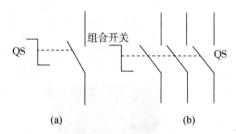

图 2-9 组合开关的图形、文字符号

(a) 单极；(b) 三极

组合开关具有体积小、寿命长、结构简单、操作方便、灭弧性能较好等优点。选用时，应根据电源种类、电压等级、所需触点数量及电动机的容量进行选择。

3. 低压断路器

(1) 自动开关。自动开关又称为自动空气开关或自动空气断路器。它不但能用于正常工作时不频繁接通和断开的电路，而且当电路发生过载、短路或欠压等故障时，能自动切断电路，有效地保护串接在它后面的电气设备。因此，自动开关在机床上的使用越来越广泛。常见的低压断路器如图 2-10 所示。

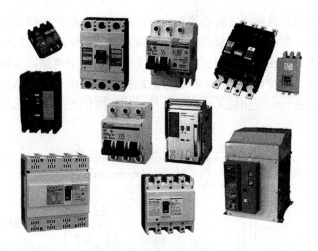

图 2-10 常见的低压断路器

①低压断路器的分类。按其结构不同分类，常用自动开关有装置式和万能式两种。其型号含义如下：

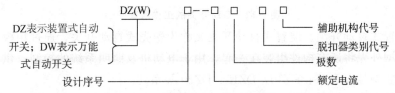

②结构和工作原理。自动开关主要由触点、灭弧装置、操作机构、保护装置（各种脱扣器）等部分组成。3VE4 型自动开关的外观图如图 2-11 所示。

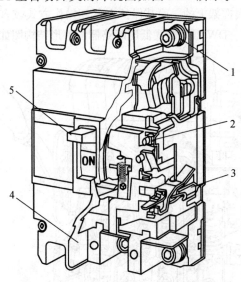

图 2-11 3VE4 型自动开关的外观图

1—接线柱；2—脱扣指示按钮；

3—过电流脱扣器；4—外壳；5—操作手柄

自动开关的工作原理如图 2-12 所示。开关主触点依靠操作机构（手动或电动）来闭合。

主触点闭合后，自由脱扣机构将主触点锁在合闸位置上。过电流脱扣器的线圈和热脱扣器的热元件与主电路串联，欠电压脱扣器的线圈与电源并联。当电路发生短路或严重过载时，过电流脱扣器的衔铁吸合，使自由脱扣机构动作，主触点断开主电路。当电路过载时，热脱扣器的热元件发热使双金属片弯曲变形，顶动自由脱扣机构动作。当电路欠电压时，欠电压脱扣器的衔铁释放，也使自由脱扣机构动作。分励脱扣器则用作远距离分断电路。

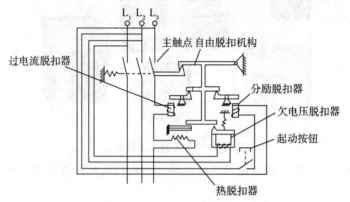

图 2-12　自动开关的工作原理图

（2）装置式自动开关。装置式自动开关又称为塑壳式自动开关，通过用模压绝缘材料制成的封闭型外壳将所有构件组装在一起，用于电动机及照明系统的控制、供电线路的保护等。其主要型号有 DZS、DZ10、DZ15、DZ20 等系列。

（3）万能式自动开关。万能式自动开关又称为框架式自动开关，由具有绝缘衬垫的框架结构底座将所有的构件组装在一起，用于配电网络的保护。其主要型号有 DW10、DW15 两个系列。它是敞开地装设在金属框架上的，而其保护方案和操作方式较多，装设地点也较灵活，故名"万能式"或"框架式"。DW 型万能式低压断路器的外形结构图如图 2-13 所示。

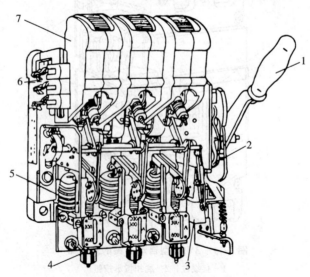

图 2-13　DW 型万能式低压断路器的外形结构图

1—操作手柄；2—自由脱扣机构；3—失压脱扣器；4—过电流脱扣器电流调节螺母；

5—过电流脱扣器；6—辅助触点（连锁触点）；7—灭弧罩

DW 型低压断路器的交直流电磁合闸控制回路如图 2-14 所示。当断路器利用电磁合闸线圈 YO 进行远距离合闸时，按下合闸按钮 SB，使合闸接触器 KO 通电动作，于是电磁合闸线圈（合闸电磁铁）YO 通电，使低压断路器 QF 合闸。但是合闸线圈 YO 是按短时大功率设计的，允许通电时间不得超过 1 s，因此在低压断路器 QF 合闸后，应立即使 YO 断电。这一要求靠时间继电器 KT 来实现。在按下按钮 SB 时，不仅使接触器 KO 通电，而且同时使时间继电器的另一对常开触点 KT3-4 是用来"防跳"的。

当合闸按钮 SB 按下不返回或被粘住、而低压断路器 QF 又闭合在永久性短路故障上时，QF 的过电流脱扣器瞬时动作，使 QF 跳闸。这时低压断路器的连锁触头 QF1-2 返回闭合。如果没有接入时间继电器 KT 及其常闭触点 KT1-2 和常开触点 KT3-4，则合闸接触器 KO 将再次通电动作，使合闸线圈 YO 再次通电，使低压断路器 QF 再次合闸。但由于线路上还存在短路故障，因此低压断路器 QF 又要跳闸，而其连锁触头 QF1-2 返回时将使低压断路器 QF 又一次合闸。断路器 QF 如此反复地在短路故障状态下跳闸、合闸，称为"跳动"现象，将使低压断路器触头烧毁，并将危及整个一次电路，使故障扩大。为此加装时间继电器常开触点 KT3-4，如图 2-14 所示。当低压断路器 QF 因短路故障自动跳闸时，其连锁触头 QF1-2 返回闭合，但由于在 SB 按下不返回时，时间继电器 KT 一直处于动作状态，其常开触点 KT3-4 一直闭合，而其常闭触点 KT1-2 则一直断开，因此合闸接触器 KO 不会通电，低压断路器 QF 也就不可能再次合闸，从而达到了"防跳"的目的。低压断路器的连锁触头 QF1-2 用来保证电磁合闸线圈 YO 在 QF 合闸后不致再次误通电。

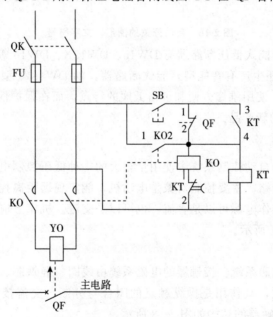

图 2-14 DW 型低压断路器的交直流电磁合闸控制回路

QF—低压断路器；SB—合闸按钮；KT—时间继电器；

KO—合闸接触器；YO—电磁合闸线圈

DW 型断路器的合闸操作方式较多，除手柄操作外，还有杠杆操作、电磁操作和电动机操作等。常见的万能式断路器如图 2-15 所示。

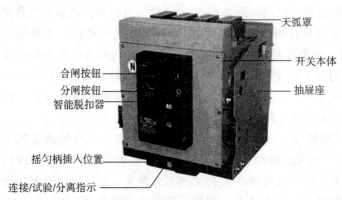

合闸按钮
分闸按钮
智能脱扣器
摇匀柄插入位置
连接/试验/分离指示

天弧罩
开关本体
抽屉座

图 2-15　常见的万能式断路器

自动开关的图形、文字符号如图 2-16 所示。

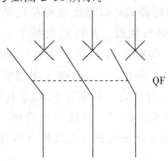

QF

图 2-16　自动开关的图形、文字符号

目前推广应用的万能式低压断路器有 DW15、DW15X、DW16 等型及引进技术生产的 ME、AH 等型。此外还生产有智能型万能式断路器，如 DW48 等型，其中 DW16 型保留了 DW10 型结构简单、使用维修方便和价格低廉的特点，而在保护性能方面大有改善，是取代 DW10 型断路器的新产品。

4. 电磁式接触器

接触器是电力拖动自动控制系统中使用量很大的一种低压控制电气，用来频繁地接通或分断带有负载的主电路。主要控制对象是电动机，能实现远距离控制，具有欠（零）电压保护功能。线圈的工作电源可以是直流，也可以是交流。机床上应用最多的是交流接触器，其实物图如图 2-17 所示。

（1）交流接触器。

①交流接触器的电磁系统。接触器的电磁系统由线圈、静铁芯、动铁芯（衔铁）灭弧装置及其他部件等组成，其作用是操纵触点的闭合与分断。交流接触器的铁芯具有短路环，GJ10-20 型交流接触器的结构如图 2-18 所示。

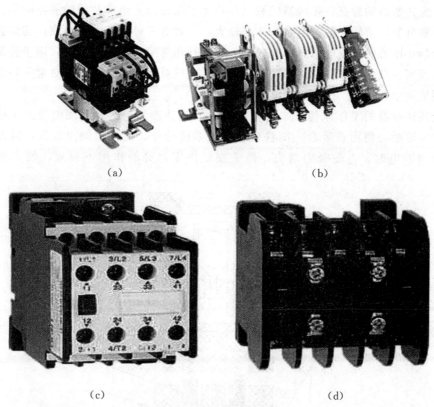

（a）　　　　　　　　　　　　　　（b）

（c）　　　　　　　　　　　　　　（d）

图 2-17　交流接触器实物图

（a）CJX1（3TB）型接触器；（b）CJ20 型接触器（c）CJ12 型接触器；（d）CJ10 型接触器

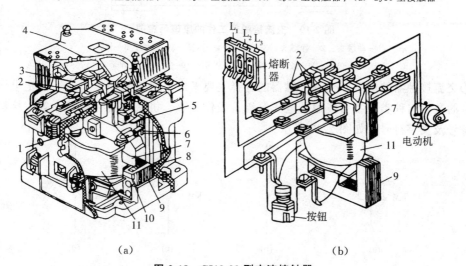

（a）　　　　　　　　　　　　　　（b）

图 2-18　CJ10-20 型交流接触器

（a）外形图；（b）结构与工作原理图

1—反作用弹簧；2—主触头；3—触点压力弹簧；4—灭弧罩；5—辅助常闭触头；
6—辅助常开触头；7—动铁芯；8—缓冲弹簧；9—静铁芯；10—短路环；11—线圈

②交流接触器的触点。接触器的触点按功能不同分为主触点和辅助触点两类。主触点用于接通和分断电流较大的主电路，体积较大，一般由三对常开触点组成；辅助触点用于接通和分断小电流的控制电路，体积较小，有常开和常闭两种辅助触点，用于控制电路中的电气自锁或互锁。如 CJ10-20 系列交流接触器有三对常开主触点、两对常开辅助触点和两对常闭辅助触点。

③交流接触器的工作原理。如图 2-19 所示，当线圈通电后，线圈电流产生磁场，静铁芯产生电磁吸力将衔铁吸合。衔铁带动触点系统动作，使常闭触点断开，常开触点闭合。当线圈断电时，电磁吸力消失，衔铁在反作用弹簧的作用下释放，触点系统随之复位。

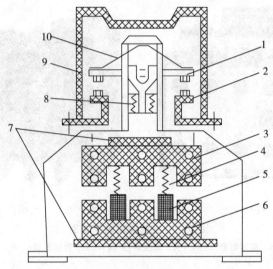

图 2-19　交流接触器工作的原理示意图

1—动触头；2—静触头；3—衔铁；4—弹簧；5—线圈；6—铁芯；

7—垫毡；8—触头弹簧；9—灭弧罩；10—触头压力弹簧

④交流接触器的选用。交流接触器的选择主要考虑主触点的额定电压、额定电流、辅助触点的数量与种类、吸引线圈的电压等级、操作频率、机械寿命、电寿命等。接触器的图形符号及文字符号，如图 2-20 所示。

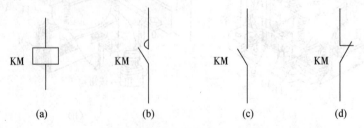

图 2-20　接触器的图形符号及文字符号

（a）线圈；（b）常开触点；（c）辅助常开触点；（d）辅助常开触点

a. 交流接触器的触点。接触器的额定电压是指主触点的额定电压。交流接触器的额定电压，一般为 500 V 或 380 V 两种，应大于或等于负载回路的电压。

接触器的额定电流是指主触点的额定电流，有 5 A、10 A、20 A、40 A、60 A、100 A、

150 A 等。其应大于或等于被控回路的额定电流。对于电动机负载，可按下列经验公式计算

$$I_C = P_N/(KU_N) \tag{2-1}$$

式中　I_C——接触器主触点电流（A）；

　　　P_N——电动机的额定功率（kW）；

　　　U_N——电动机的额定电压（V）；

　　　K——经验系数，一般为 1～1.4，频繁起动时取最小值。

接触器的触点数量和种类应满足主电路和控制线路的需要。各种类型的接触器触点数目不同：交流接触器的主触点有三对（常开触点），辅助触点通常有四对（两对常开、两对常闭），最多可达到六对（三对常开、三对常闭）；直流接触器的主触点一般有两对（常开触点）。

b. 交流接触器的吸引线圈。接触器吸引线圈的额定电压等于控制回路的电源电压，从安全角度考虑，应选择低一些。交流接触器的吸引线圈的额定电压有 36 V、110（127）V、220 V、380 V 等几种。

c. 额定操作频率。接触器额定操作频率是指每小时线圈接通的次数。通常交流接触器为 600 次/小时，直流接触器为 1 200 次/小时。

常用的交流接触器型号有 CJ0、CJ10、CJ12 及 CJX1（3TB）等。CJX1-32 型号的意义是：CJ 表示交流接触器，X1 表示设计序号，32 表示主触点额定电流为 32A。CJX1（3TB）系列接触器的主要技术数据如表 2-1 所示。

表 2-1　CJX1（3TB）系列接触器的主要技术数据

型　号			CJX1-09	CJX1-12	CJX1-16	CJX1-22	CJX1-32	CJX1-45
（主触点）额定工作电流/A			9	12	16	22	32	45
三相鼠笼式异步电动机容量/kW	220 V		2.2	3	4	5.5	8.5	15
	380 V		4	5.5	7.5	11	15	30
	660 V		5.5	7.5	11	11	15	49
线圈功率/kW	50 Hz	吸合	68					183
		维持	10					17
	60 Hz	吸合	72					230
		维持	10.5					18
线圈电压/V			24、48、110、220、380					

（2）直流接触器。直流接触器主要用于控制直流用电设备。常用的有 CZO、CZI、CZZ、CZ3、CZS 系列产品，其型号的含义如下：

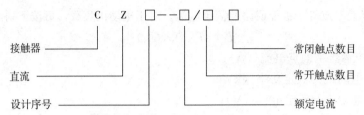

直流接触器的结构、工作原理与交流接触器基本相同，其结构如图2-21所示。它主要由线圈、铁芯、衔铁、触点、灭弧装置等组成。不同的是除触点电流和线圈电源为直流外，其触点大都采用滚动接触的指形触点，辅助触点采用点接触的桥式触点，铁芯采用整块铸钢或铸铁制成；线圈做成长而薄的圆筒状。为保证衔铁能可靠释放，磁路中通常夹有非磁性垫片，以减小剩磁影响。直流接触器吸引线圈的额定电压有24 V、48 V、110 V、220 V等。

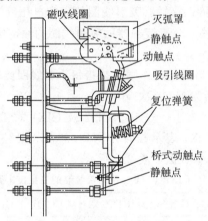

图2-21 直流接触器的结构

直流接触器是用于远距离接通和分断直流电路及频繁地操作和控制直流电动机的一种自动控制电器，常用的有CZ0系列，另外还有CZ17、CZ18、CZ21等多个系列，广泛应用于冶金、机械和机床的电气控制设备中。直流接触器由于通的是直流电，没有冲击起动电流，所以不会产生铁芯的猛烈撞击现象，因此它的寿命长，适用于频繁起动的场合。直流接触器的外形与交流接触器的外形基本相同，文字符号和图形符号也和交流接触器相同。其结构主要由电磁系统、触头系统和灭弧装置三部分组成。

①电磁系统。直流接触器的电磁系统由线圈、铁芯和衔铁组成。由于线圈中通的是直流电，在铁芯中不会产生涡流，所以铁芯可用整块铸钢或铸铁制成，并且不需要短路环。线圈匝数较多，电阻大，为了使线圈散热良好，通常将线圈做成长而薄的圆桶状。

②触头系统。直流接触器的触头也有主、辅之分。由于主触头通断电流较大，故采用滚动接触的指形触头。辅助触头通断电流较小，故采用双断点桥式触头。

③灭弧装置。直流接触器的主触头在断开较大直流电流电路时，会产生强烈的电弧，容易烧坏触头而不能连续工作。为了迅速使电弧熄灭，直流接触器一般采用磁吹式灭弧装置，利用磁吹力的作用将电弧拉长，并在空气和灭弧罩中快速冷却，从而使电弧迅速熄灭。

5. 熔断器

熔断器是一种广泛应用的最简单有效的保护电气。在使用时，熔断器串接在所保护的电路中，当电路发生短路或严重过载时，它的熔体能自动迅速熔断，从而切断电路，使导线和电气设备不致损坏。

（1）熔断器的组成。熔断器主要由熔体（俗称保险丝）和安装熔体的熔管（或熔座）两部分组成。熔体一般由熔点低、易于熔断、导电性能良好的合金材料制成。在小电流的电路中，常用铅合金或锌制成的熔体（熔丝）。对大电流的电路，常用铜或银制成片状或笼状的熔体。在正常负载情况下，熔体温度低于熔断所必须的温度，熔体不会熔断。当电路发生短路或严重过载时，电流变大，熔体温度达到熔断温度而自动熔断，切断被保护的电路。熔体为一次性使用元件，再次工作时必须更换新的熔体。常见的熔断器实物图如图 2-22 所示。

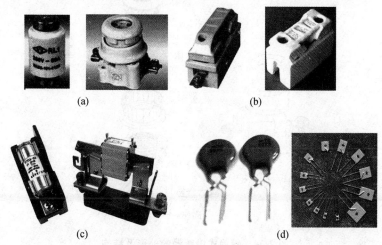

图 2-22　常见的熔断器实物图

(a) 螺旋式熔断器；(b) 磁插式熔断器；(c) 填料式熔断器；(d) 自恢复熔断器

（2）熔断器的分类。熔断器常用产品有瓷插（插入）式、螺旋式和密封管式三种。

①插入式熔断器。插入式熔断器常用于低压分支电路的短路保护。插入式熔断器主要用于 380 V 三相电路和 220 V 单相电路做短路保护，其外形及结构如图 2-23 所示。

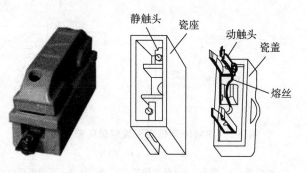

图 2-23　插入式熔断器外形及结构

插入式熔断器主要由瓷座、瓷盖、静触点、动触点、熔丝等组成，瓷座中部有一个空腔，与瓷盖的凸出部分组成灭弧室。60 A 以上的在空腔中垫有编织石棉层，加强灭弧功能。它具有结构简单、价格低廉、熔丝更换方便等优点，应用非常广泛。

②螺旋式熔断器。螺旋式熔断器熔体上的上端盖有一熔断指示器，一旦熔体熔断，指

示器马上弹出，可透过瓷帽上的玻璃孔观察到。常用于机床电气控制设备中。

螺旋式熔断器用于交流 380 V、电流 200 A 以内的线路和用电设备做短路保护，其外形及结构如图 2-24 所示。这种熔断器主要由瓷帽、熔体（熔芯）、瓷套、上接线端、下接线端及底座等组成。熔芯内除装有熔丝外，还填有灭弧的石英砂。熔芯上盖中心装有标有红色的熔断指示器，当熔丝熔断时，指示器脱出，从瓷盖上的玻璃窗口可检查熔芯是否完好。它具有体积小、结构紧凑、熔断快、分断能力强、熔丝更换方便、使用安全可靠、熔丝熔断后能自动指示等优点，在机床电路中广泛使用。

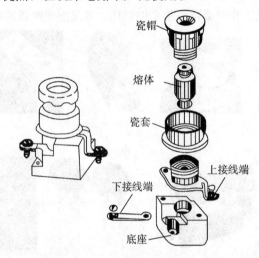

图 2-24　螺旋式熔断器的外形及结构

③密封管式熔断器。密封管式熔断器常用于低压电力网或成套配电设备中。

a. RM10 型低压无填料密闭管式熔断器。灭弧断流能力较差，属非限流式熔断器；结构简单，价格低廉及更换熔体方便，仍较普遍地应用于低压配电装置中。如图 2-25 所示，为 RM10 型低压无填料密闭管式熔断器。

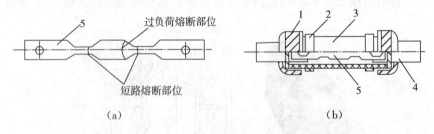

图 2-25　RM10 型低压无填料密闭管式熔断器

（a）熔管；（b）熔片

1—熔管帽；2—管夹；3—纤维熔管；4—触刀；5—变截面锌熔片

b. RT0 型低压有填料封闭管式熔断器。灭弧断流能力很强，具有限流作用。能实现短路保护和过负荷保护。RT0（NAT0）系列有填料封闭管式刀形触头熔断器。RT0（NAT0）适用于交流 50 Hz，额定电压为 380 V，或直流 400 V，额定电流为 630 A 的工业电气装置的配电设备中做线路过载和短路保护之用，保护性能好，断流能力大，可应用在靠近电源的配电装置，但它多为不可拆式，熔体熔断后报废，不经济。RT0 型填料封闭管式熔断器如图 2-26 所示。

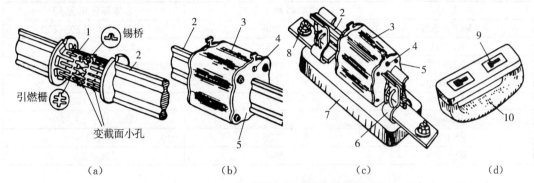

图 2-26 RT0 型填料封闭管式熔断器

（a）熔体；（b）熔管；（c）熔断器；（d）绝缘操作手柄

1—栅状钢熔体；2—触刀；3—瓷熔管；4—熔断指示器；5—端面盖板；

6—弹性触座；7—底座；8—接线端子；9—扣眼；10—绝缘拉手手柄

c. RS3 型有填料封闭管式快速熔断器。主要作硅整流元件及其成套装置的短路或过负荷保护，灭弧断流能力很强，具有限流作用，长期工作不老化、不误动作。RS3 有填料封闭管式快速熔断器如图 2-27 所示。

图 2-27 RS3 型有填料封闭管式快速熔断器

（3）熔断器的选用（熔体额定电流的选择）。选择熔断器主要是选择熔断器的类型、额定电压、额定电流及熔体的额定电流。熔断器的类型应根据线路要求和安装条件来选择；熔断器的额定电压应大于或等于线路的工作电压，熔断器的额定电流应大于或等于熔体的额定电流。熔体额定电流的选择是熔断器选择的核心（选择方法见第 8 章）。选择熔断器时，还要结合负载的性质来选择。

常用熔断器的主要技术数据如表 2-2 所示。

表 2-2 常用熔断器的主要技术数据

型号	熔断器额定电流/A	熔体额定电流/A
RC1A-5	5	1、2、3、5
RC1A-10	10	2、4、6、8、10
RC1A-15	15	6、10、12、15
RC1A-30	30	15、20、25、30
RC1A-60	60	30、40、50、60
RC1A-100	100	60、80、100

（续表）

型号	熔断器额定电流/A	熔体额定电流/A
RC1A-200	200	100、120、150、200
RL1-15	15	2、4、5、10、15
RL1-60	60	20、25、30、35、40、50、60
RL1-100	100	60、80、100
RL1-200	100	100、125、150、200
RS3-50	50	10、15、30、50
RS3-100	100	80、100
RS3-200	200	150、200

熔断器的图形符号及文字符号如图 2-28 所示。

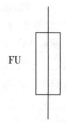

图 2-28　熔断器的图形符号及文字符号

6. 按钮

自动控制系统中用于发送控制指令的电气称为主令电气。用于控制接触气、继电器或其他电器，使电路接通和分断来实现对生产机械的自动控制。常用的主令电气有按钮、行程开关、接近开关、万能转换开关、凸轮控制器、主令控制器等。

按钮是一种用来短时接通或分断小电流电路的手动控制电气。在控制电路中，通过它发出"指令"控制接触器、继电器等电气，再由它们去控制主电路的通断。控制按钮通常是在低压控制电路中，用于手动短时接通或断开小电流控制电路的开关，其实物图如图 2-29 所示。

图 2-29　控制按钮实物图

按钮的结构及外形如图 2-30 所示，主要由按钮帽、复位弹簧、常开触点、常闭触点、接线柱、外壳等组成。它的图形符号及文字符号如图 2-31 所示。

　　按钮的种类很多，生产机械上常用的有 LAZ、LA10、LA18、LA19、LA20 等系列。其中 LA18 系列按钮是积木式结构，触点数目可按需要拼装；结构形式有揿按式、紧急式、钥匙式和旋钮式。LA19 系列在按钮内装有信号灯，除作为控制电路的主令电气使用外，还可兼作信号指示灯使用。

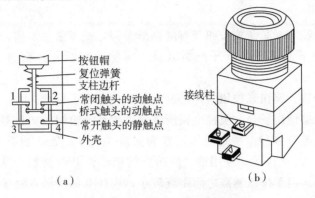

图 2-30　按钮开关结构及外形图

（a）结构图；（b）外形图

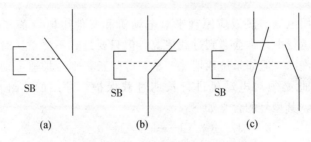

图 2-31　按钮的图形符号及文字符号

（a）起动按钮；（b）停止按钮；（c）复合按钮

按钮的型号含义如下：

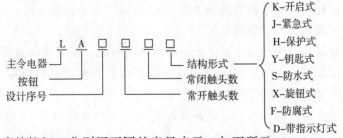

不同结构形式的按钮，分别用不同的字母表示，如下所示：

A—按钮；K—开启式；S—防水式；H—保护式；F—防腐式；J—紧急式；X—旋钮式；Y—钥匙式；D—带指示灯式；DJ—紧急式带指示灯。

　　（1）起动按钮。起动按钮通常带有常开触点，手指按下按钮帽，常开触点闭合；手指松开，常开触点复位。起动按钮的按钮帽通常采用绿色。

（2）停止按钮。停止按钮带有常闭触点，手指按下按钮帽，常闭触点断开；手指松开，常闭触点复位。停止接钮的按钮帽通常采用红色。

（3）复合按钮。复合按钮带有常开触点和常闭触点，手指按下按钮帽，常闭触点断开，常开触点闭合；手指松开，常开触点和常闭触点复位。

（4）指示灯式按钮。指示灯式按钮是在按钮内装入信号灯以显示信号。用红色表示报警或停止；绿色表示起动或正常运行；黄色表示正在改变状态（如变速）；白色用于电源指示。

（5）紧急式按钮装。紧急式按钮装有蘑菇形钮帽，便于紧急操作，通常也称为急停按钮。在紧急状态按下此按钮，断开控制电路。排除故障后，右旋蘑菇头，即可使按钮复位。

（6）旋钮式按钮。旋钮式按钮是通过旋转旋钮位置来进行操作的。

选用按钮应根据使用场合、被控电路所需触点数目及钮帽的颜色等综合考虑。按钮的额定电压、额定电流有多种，额定电压通常为交流 380 V、交流 110 V、直流 220 V 等；额定电流通常为 5 A、2 A 等。使用前，应检查按钮动作是否自如，弹性是否正常，触点接触是否良好可靠。由于按钮触点之间距离较小，应注意保持触点及导电部分的清洁，防止触点间短路或漏电。

7. 热继电器

热继电器是利用电流的热效应原理来对电动机和其他用电设备进行长期过载进行保护。电动机在实际运行中，常会遇到过载情况，但只要过载不严重，时间短，绕组不超过允许的温升，是允许的。但如果过载情况严重、时间长，则会加速电动机绝缘的老化，甚至烧毁电动机，因此必须对电动机进行长期过载保护，常用的热继电器有 JRO、JRI、JRZ、JR16 等系列，其型号的含义如下：

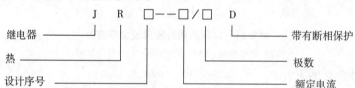

（1）外形与结构。热继电器的结构如图 2-32 所示，它是由热元件、触点、动作机构、复位按钮和整定电流装置 5 部分组成的。

热元件由双金属片及绕在双金属片外面的电阻丝组成，双金属片由两种热膨胀系数不同的金属片复合而成。使用时，将电阻丝直接串联在异步电动机的电路上，如图 2-33 中的 1-1′及 2-2′。热元件有两相结构和三相结构两种。

热继电器的触点有两副，由一个公共动触点 12、一个常开触点 14 和一个常闭触点 13 组成；动作机构由导板 6、补偿双金属片 7、推杆 10、杠杆 12 和拉簧 15 等组成。复位按钮 16 是热继电器动作后进行手动复位的按钮。

整定电流装置由旋钮 18 和偏心轮 17 组成，通过它们来调节整定电流（热继电器长期不动作的最大电流）的大小。在整定电流调节旋钮上刻有整定电流的标尺，旋动调节旋钮，使整定电流的值等于电动机额定电流即可。

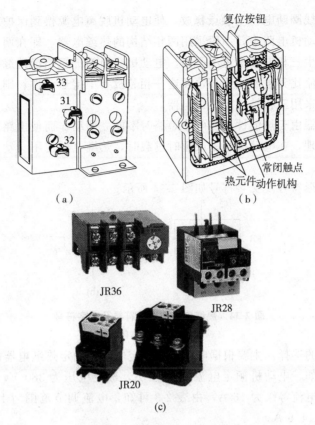

图 2-32 热继电器的外形及结构

(a) 外形；(b) 结构；(c) 实务

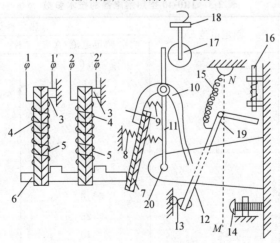

图 2-33 热继电器动作原理图

（2）工作原理。当电动机过载时，过载电流通过图 2-33 中串联在定子电路中的电阻丝 4，使之发热过量，双金属片 5 受热膨胀，因膨胀系数不同，膨胀系数较大的左边一片的下端向右弯曲；通过导板 6 推动补偿双金属片 7 使推杆 10 绕轴转动，带动杠杆 12 使它绕轴 19 转动，将常闭触点 13 断开。常闭触点 13 通常串联在接触器的线圈电路中，当它断开时，接触器的线圈断电，主触点释放，使电动机脱离电源得到保护。

在三相异步电动机电路中，一般采用两相结构的热继电器，即在两相主电路中串接热元件即可。如果发生三相电源严重不平衡、电动机绕组内部短路或绝缘不良等故障，使电动机某一相的线电流比其他两相要高，而这一相若没有串接热元件，则热继电器不能起到保护作用，这时需采用三相结构的热继电器。

注意：热继电器由于热惯性，当电路短路时不能立即动作而使电路瞬间断开，因此不能做短路保护。同理，在电动机起动或短时过载时，热继电器也不会动作，这样可避免电动机不必要的停车。

热继电器的图形符号及文字符号如图 2-34 所示。

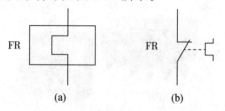

图 2-34　热继电器的图形符号及文字符号

（a）热元件；（b）常闭触点

（3）热继电器的选择。主要根据电动机的额定电流来确定热继电器的型号及热元件的额定电流等级。例如，电动机额定电流为 14.6 A，额定电压为 380 V，若选用 JR0-40 型热继电器，热元件电流等级为 16 A，由表 2-3 可知，电流调节范围为 10 A～16 A，因此可将其电流整定为 14.6 A。

常用的热继电器有 JR0 和 JR10 系列。表 2-3 列出了 JR0-40 型热继电器的技术参数。

表 2-3　JR0-40 型热继电器的技术参数

型　号	额定电流/A	热元件等级	
		额定电流/A	电流调节范围
JR0-40	40	0.64	0.4～0.64
		1	0.64～1
		1.6	1～1.6
		2.5	1.6～2.5
		4	2.5～4
		6.4	4～6.4
		10	6.4～10
		16	10～16
		25	16～25
		40	25～40

2.1.3　三相异步电动机的全压起动控制

1. 刀开关直接起动方式

起动时直接给电动机加额定电压的称为全压起动。一般来讲，电动机的容量不大于直接供电变压器容量的 20%～30% 时，一般都采用这种起动控制方式。图 2-35 是采用刀开关直接起动电动机的控制线路。如小容量电动机、冷却泵、小型台钻、砂轮机的电动机就采用这种起动控制方式。

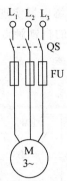

图 2-35 刀开关直接起动电动机的控制线路

线路的工作过程如下：合上刀开关 QS，电动机通三相交流电（通常为交流 380 V），全电压起动运行。断开刀开关 QS，电动机断电，停止运行。

2. 点动控制

点动控制线路，如图 2-36 所示，按下按钮 SB 时电动机运转，松手时电动机停转，这种控制为点动控制。点动控制多用于机床刀架、横梁、立柱等快速移动和机床对刀等场合。点动控制线路的主电路和控制线路分析简述如下：

按下 SB→KM 线圈通电→KM 主触点闭合 M 旋转

松开 SB→KM 线圈断电→KM 主触点断开 M 停转

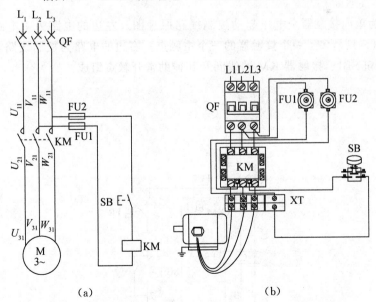

图 2-36 点动控制线路

（a）原理图；（b）接线图

图 2-37 列出了几种常见的点动控制的线路（为分析方便，省去了主电路线路）。

图 2-37（a）为带手动开关 SA 的点动控制线路。打开 SA 将自锁触点断开，可实现点

动控制；合上 SA 可实现连续控制。图 2-37（b）所示增加了一个点动用的复合按钮 SB3，点动时用其常闭触点（SB3）断开接触器 KM 的自触点，实现点动控制；连续控制时，可按起动按钮 SB2。图 2-37（c）为用中间继电器实现点动的控制线路。点动时按 SB3，中间继电器 KA 的常闭触点断开接触器 KM 的自锁触点，KA 的常开触点使 KM 通电，实现点动控制；连续控制时，按 SB2 即可。

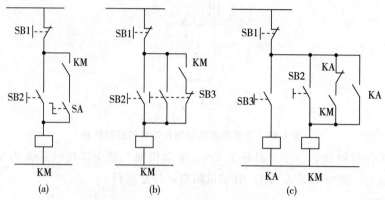

图 2-37　常见的点动控制线路

（a）带手动开关 SA 的点动控制线路；（b）增加复合按钮 SB₃ 的点动控制线路；
（c）用中间继电器实现点动的控制线路

3. 单向全电压控制起动方式

10 kW 以下交流电动机，在需要频繁关断时，不可以用开关直接通断，常采用按钮和接触器进行间接通断。

图 2-38 为单向接触器全电压起动控制线路原理图。左边的电路为主电路，与图 2-35 所示电路类似，只是多了一个接触器的三个主触点；右边的电路为控制线路，由起动按钮 SB2、停止按钮 SB1、接触器 KM 的线圈及其辅助常开触点组成。

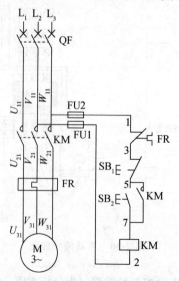

图 2-38　单向接触器全电压起动控制线路

（1）电路的工作过程。

①首先合上电源开关 QF。按下起动按钮 SB2，接触器 KM 的线圈通电，其主触点闭合，电动机起动运行。同时与 SB2 并联的 KM 辅助常开触点闭合，将 SB2 短接。KM 辅助常开触点的作用是，当松开起动按钮 SB2 后，仍可使 KM 线圈通电，电动机继续运行。简要分析如下：

$$按下SB2 \longrightarrow KM线圈通电 \longrightarrow \begin{array}{l} KM主触头 \\ KM自锁触头 \end{array}$$

这种依靠接触器自身的辅助触点来使其线圈保持通电的电路称为自锁或自保电路。带有自锁功能的控制线路具有欠压保护作用，起自锁作用的辅助触点称为自锁触点。

②按停止按钮 SB1，接触器 KM 线圈断电，电动机 M 停止转动。此时 KM 的自锁常开触点断开，松手后 SB1 虽又闭合，但 KM 的线圈不能继续通电。简要分析如下：

$$按下SB1 \longrightarrow KM线圈断电 \longrightarrow \begin{array}{l} KM主触点断开 \qquad M停转 \\ KM自锁触点断电 \end{array}$$

（2）单向接触器全电压起动控制线路接线图和控制按钮引线图如图 2-39（a）、图 2-39（b）所示。

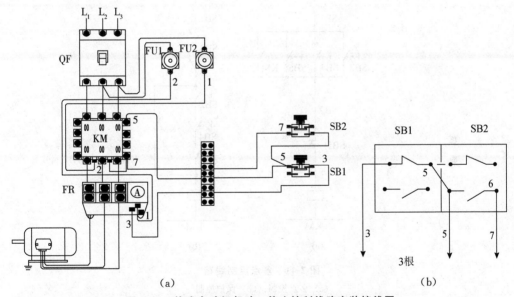

图 2-39　笼式电动机起动、停止控制线路安装接线图
（a）单向接触器全电压起动控制线路接线图；（b）控制按钮引线图

（3）单向接触器全电压起动控制线路元件位置图如图 2-40 所示。

4. 多点控制

大型机床为操作方便，往往要求在两个或两个以上的地点都能进行操作。实现多点控制的控制线路如图 2-41（a）所示，在各操作地点各安装一套按钮，其接线原则是各按钮的常开触点并联连接，常闭触点串联连接。

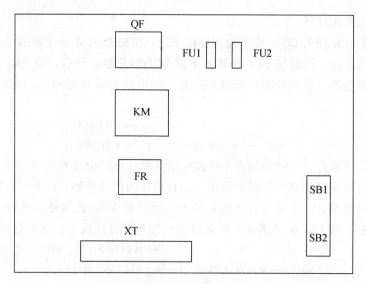

图 2-40　单向接触器全电压起动控制线路元件位置图

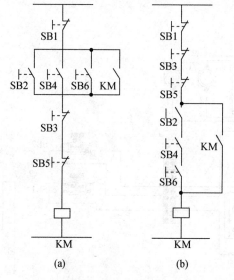

图 2-41　多点控制线路

(a) 多点控制；(b) 保护控制

　　多人操作的大型冲压设备，为保证操作安全，要求几个操作者都必须发出准备好信号后设备才能动作。此时应将起动按钮的常开触点串联，如图 2-41 (b) 所示。

5. 电动机顺序起动、停止控制电路

(1) 两台电动机顺序起动控制电路。

①两台电动机顺序起动控制电路原理图如图 2-42 所示。

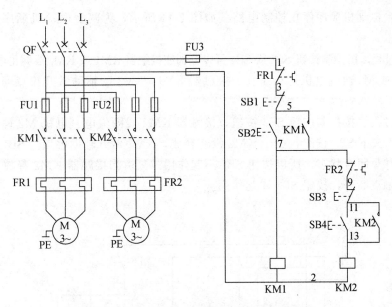

图 2-42 两台电动机顺序起动控制电路原理图

通过图 2-42 中可以看到，顺序控制电路是在一个设备起动之后另一个设备才能起动的一种控制方法，KM2 要先起动是不能动作的，因为 SB4 和 KM1 是断开状态，只有当 KM1 吸合实现自锁之后，SB4 按纽才起作用，使 KM2 通电吸合，这种控制多用于大型空调设备的控制电路。

②两台电动机顺序起动控制电路接线示意图，如图 2-43 所示。

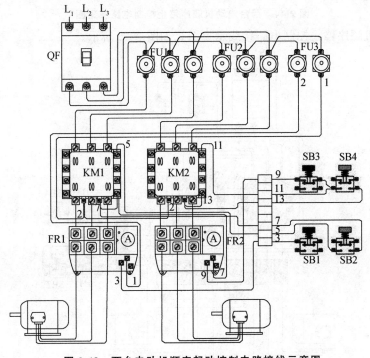

图 2-43 两台电动机顺序起动控制电路接线示意图

（2）两台电动机顺序停止控制电路。如图 2-44 所示，为两台电动机顺序停止控制电路原理图。

①起动过程。按控制按钮 SB2 或 SB4 可以分别使接触器 KM1 或 KM$_2$ 线圈得电吸合，主触点闭合，M1 或 M2 通电电机运行工作。接触器 KM1、KM2 的辅助常开接点同时闭合电路自锁。

②停止过程。按控制按钮 SB3 按纽，接触器 KM2 线圈失电，电机 M2 停止运行。若先停电机 M1 按下 SB1 按纽，由于 KM2 没有释放，KM2 常开辅助触点与 SB1 的常开触点并联在一起并呈闭合状态，所以按钮 SB1 不起作用。只由当接触器 KM2 释放之后，KM2 的常开辅助触点断开，按钮 SB1 才起作用。

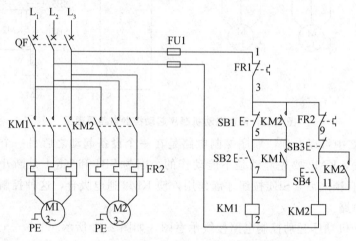

图 2-44　两台电动机顺序停止控制电路原理图

两台电动机顺序停止控制电路接线示意图，如图 2-45 所示。

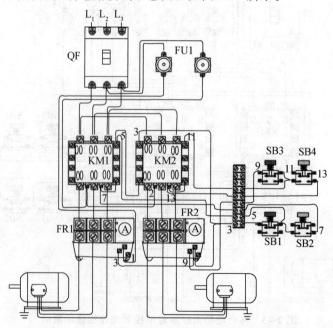

图 2-45　两台电动机顺序停止控制电路接线示意图

1. 任务内容

三相异步电动机全压起动控制电路的装接与调试。

2. 任务要求

三相异步电动机全压起动控制线路装接与调试的任务要求如下。

(1) 按照工艺规程安装电气元件。

(2) 按照工艺要求对控制电路接线。

(3) 能正确对控制电路通电试车。

3. 设备工具

三相异步电动机全压起动控制线路装接与调试的设备工具主要有以下几个。

(1) 电机控制实训台（含网孔板、低压电气元件）：1 套。

(2) 三相异步电动机：1 台。

(3) 万用表、钳形电流表、兆欧表：各 1 块。

(4) 电工工具：1 套。

(5) 导线、U 形线鼻、针形线鼻、套管、线槽、扎带等。

4. 实施步骤

三相异步电动机全压起动控制线路装接与调试的实施步骤如下。

(1) 正确选用电气元件、导线、线鼻等器材。

(2) 对电气元件进行检查，确定外观无损伤，触点分合正常，附件齐全完好。

(3) 绘制三相异步电动机全压起动控制电路元件布置图。

(4) 按照元件布置图在网孔板上安装电气元件和线槽，使各元器件间距合理，紧固程度适当，位置便于手动操作。

(5) 绘制三相异步电动机全压起动控制电路安装接线图。

(6) 按照安装接线图进行配线。要求主电路、控制电路区分清晰，布线横平竖直，连接牢靠，线号正确，整体走线合理美观。

(7) 对电动机的质量进行常规检查后，安装电动机，可靠连接电动机和各电气元件金属外壳的接地线。

(8) 连接电源、电动机等网孔板外部的导线。

(9) 根据电气原理图和安装接线图，认真检查装接完毕的控制电路，核对接线是否正确，连接点是否符合工艺要求，以防止造成电路不能正常工作和短路事故。

(10) 经过指导教师许可后，通电试车。通电时指导教师必须在现场监护。

(11) 通电时，注意三相电源是否正常；按下起动按钮后，观察接触器等元件工作是否正常、动作是否灵活；观察电动机运行是否正常，有无噪声过大等异常现象；检查电路工作是否满足功能要求；如果出现故障，学生应独立检查，带电检查时，指导教师必须在现场监护；故障排除后，经指导教师同意可再次通电试车，故障原因及排除记录到任务报告中。

5. 考核标准

三相异步电动机全压起动控制电路装接与调试考核标准如表 2-4 所示。

表 2-4 三相异步电动机全压起动控制电路装接与调试考核标准

项目内容	分数	扣分标准	得分
元器件安装	10	(1) 不按元件布置图安装，扣 10 分； (2) 元器件松动、不整齐，每处扣 5 份； (3) 损坏元器件，每个扣 10 分	
控制电路布线	40	(1) 不按电气原理图布线，扣 30 分； (2) 出现交叉线、架空线、缠绕线、叠压线，每处扣 5 分； (3) 走线不整齐、不进线槽，每处扣 5 分； (4) 接线端压绝缘层、反圈、露铜过长，每处扣 5 分； (5) 接线端子上连接导线超过两根，每处扣 5 分； (6) 接线端连接不牢靠，每处扣 5 分； (7) 损伤线芯和导线绝缘，每处扣 5 分； (8) 网孔板的进出线未经端子排转接，每处扣 5 分； (9) 线鼻、线号错误，每处扣 5 分； (10) 整体走线不合理、不美观，酌情扣分	
通电试车	40	(1) 第一次通电试车不成功，扣 20 分； (2) 第二次通电试车不成功，扣 30 分； (3) 第三次通电试车不成功，扣 40 分	
安全操作	10	(1) 不遵守实训室规章制度，扣 10 分； (2) 未经允许擅自通电，扣 10 分	
合计			

任务 2.2　三相异步电动机降压起动控制线路装接与调试

三相异步电动机的起动电流一般是额定电流的 4～7 倍，当容量大于 10 kW 或频繁起

动时，过大的起动电流会使电机的绕组发热，严重时会烧毁电机，因此需要采取一定的措施降低电机的起动电流。

鼠笼式异步电动机的降压起动方法常用的有以下几个。

（1）定子绕组串电阻降压起动。

（2）星形-三角形降压起动。

（3）自耦变压器降压起动。

（4）延边三角形降压起动。

绕线式异步电动机的降压起动方法常用的有以下几个。

（1）转子绕组串电阻降压起动。

（2）转子绕组串频敏变阻器降压起动。

掌握三相异步电动机降压起动控制电路的基本工作原理及设计方法；能选择合适性能的低压电器元件对三相异步电动机降压控制电路进行装配、接线、调试与检修。

2.2.1　相关低压电气元件

1. 电磁式继电器

继电器是一种根据某种输入信号的变化，接通或断开控制电路，实现控制目的的电气，主要用于控制和保护电路或作为信号转换之用。继电器的输入信号可以是电流、电压等电学量，也可以是温度、速度、时间、压力等非电量，而输出通常是触点的动作。由于电磁式继电器具有工作可靠、结构简单、制造方便、寿命长等一系列优点，故在电气控制系统中应用较广泛。

继电器的种类很多，按输入信号的性质可分为电压继电器、电流继电器、温度继电器、速度继电器、压力继电器、时间继电器等；按动作原理可分为电磁式继电器、感应式继电器、电动式继电器、热继电器、电子式继电器等。

继电器的结构与工作原理与接触器相似，也是由电磁系统、触点系统和释放弹簧等组成，其结构如图 2-46 所示。由于继电器用于控制电路，所以流过触点的电流比较小，故不需要灭弧装置。

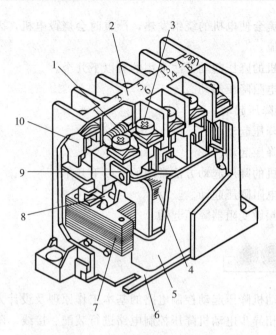

图 2-46 继电器结构示意图

1—弹簧；2—框架；3—接线端子；4—线圈；5—护轨夹；

6—底座；7—铁芯；8—联动杆；9—动触点；10—静触点。

（1）电压继电器。电压继电器的外形、电压继电器的图形符号及文字符号如图 2-47、图 2-48 所示。

图 2-47 电压继电器的外形

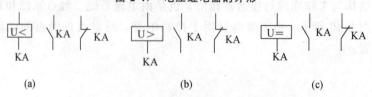

图 2-48 电压继电器的图形符号及文字符号

（a）欠电夺继电器；（b）过电压继电器；（c）零电压继电器

电压继电器的线圈并联在控制回路中，所以其匝数多，导线细，阻抗大。电压继电器按动作电压值的不同，分为过电压继电器、欠电压继电器和零电压继电器。过电压继电器在电源电压为线圈额定电压的 110%～115% 以上时动作；欠电压继电器在电源电压为线圈额定电压的 40%～70% 时有保护动作；零电压继电器当电源电压降至线圈额定电压的 5%～25% 时有保护动作。机床上常用的型号有 JT3 和 JT4 型继电器。

（2）中间继电器。如图 2-49 所示，中间继电器的原理与接触器完全相同，故称为接触器式继电器。它仍然由线圈、动铁芯、静铁芯、触头系统、反作用弹簧和复位弹簧等组成，所不同的是中间继电器的触头对数较多，并且没有主、辅之分，各对触头允许通过的电流大小是相同的。

（a）

（b）

图 2-49　中间继电器结构图

（a）中间继电器实物；（b）中间继电器结构

1—静铁芯；2—短路环；3—衔铁；4—常开触头；5—常闭触头；6—反作用弹簧；7—线圈；8—复位弹簧

中间继电器触点数可达六对甚至更多，触点额定电流一般为 5～10，其动作时间不大于 0.05 s，动作灵敏。它可用于扩大继电器或接触器辅助触点的数量，也可用于扩大 PLC 的触点容量，起到中间转换的作用。

中间继电器主要依据被控制电路的电压等级，触点的数量、种类及容量来选用。机床上常用的型号有 JZ7 系列交流中间继电器和 JZ8 系列交直流两用中间继电器。中间继电器的图形符号及文字符号如图 2-50 所示。

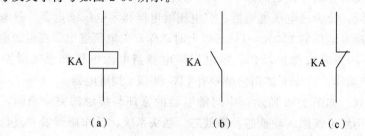

图 2-50　中间继电器的图形符号及文字符号

（a）线圈；（b）常开触点；（c）常闭触点

中间继电器的型号意义：

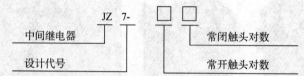

JZ7 系列中间继电器的技术数据如表 2-5 所示，适用于交流电压 380 V、电流 5 A 以下的控制电路。

表 2-5　JZ7 系列继电器技术数据

型号	触点额定电压/V		吸引线圈额定电压/V	触点额定电流/A	触点数量		最高操作频率/（次/小时）
	交流	直流			常开	常闭	
JZ7-22	500	440	36、127、220、380、500	5	2	2	1 200
JZ7-44	500	440	12、36、127、220、380、500	5	4	4	1 200
JZ7-62	500	440	12、36、127、220、380、500	5	6	2	1 200
JZ7-80	500	440	12、36、127、220、380、500	5	8	0	1 200

（3）电流继电器。如图 2-51 所示，电流继电器的线圈串接在被测量的电路中，以反应电路电流的变化。为了不影响电路工作情况，电流继电器线圈匝数少，导线粗，线圈阻抗小。

图 2-51　电流继电器外形

电流继电器有欠电流继电器和过电流继电器两类。欠电流继电器的吸引电流为线圈额定电流的 30%～65%，释放电流为额定电流的 10%～20%。因此，在电路正常工作时，衔铁是吸合的，只有当电流降低到某一整定值时，继电器才释放，输出信号。过电流继电器在电路正常工作时不动作，当电流超过某一整定值时才动作，整定范围通常为 1.1～4 倍额定电流。机床上常用的电流继电器型号有 JL14、JL15、JT3、JT9、JTl0 等。选择时要根据主电路中电流的种类和工作电流来选择。

电流继电器的文字符号为 KI，线圈方格中 I>（或 I<）表示过电流（或欠电流）继电器，如图 2-52 所示。

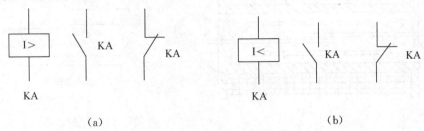

图 2-52 过电流继电器和欠电流继电器的图形符号及文字符号

（a）过电流继电器；（b）欠电流继电器

（4）自动控制用小型继电器。小型继电器用于电子设备、通信设备、计算机控制设备、自动化控制装置等，做切换电路及扩大控制范围之用。它的工作原理与中间继电器类似，只是其体积小、质量轻，易于安装。

HH5 系列小型继电器为电子管插座式继电器，其特点是结构紧凑，采用封闭式，与外电路连接采用电子管插头形式，使用方便，其外形（去掉有机玻璃外罩）如图 2-53 所示。

（a）实物　　　　　　　（b）底座　　　　　（c）结构

图 2-53 小型继电器外形图

（a）实物；（b）底座；（c）结构

1—发光二极管；2—释放弹簧；3—线圈；4—动触点；5—静触点

（5）干簧继电器。干簧继电器也称为舌簧继电器，它可以反映电压、电流、功率以及电流极性等信号，在检测、自动控制、计算机技术等领域中应用广泛。干簧继电器还可以用永磁体来驱动，反映非电信号，用于限位、行程控制以及非电量检测等。

干簧继电器主要由干式舌簧片与励磁线圈组成。干式舌簧片（触点）是密封的，由铁镍合金制成，舌片的接触部分通常镀以贵重金属（如金、铑、钯等），接触良好，具有优良的导电性能。触点密封在充有氮气等惰性气体的玻璃管中，因而有效地防止了尘埃的污染，减少了触点的腐蚀，提高了工作可靠性。

干簧继电器的结构原理如图 2-54 所示。当线圈通电后，管中两舌簧片的自由端分别被磁化成 N 极和 S 极而相互吸引，因而接通了被控制的电路。线圈断电后，舌簧片在本身的弹力作用下分开并复位，控制电路亦被切断。

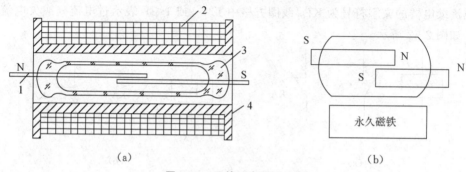

（a）　　　　　　　　　　　　　　　（b）

图 2-54　干簧继电器结构图

（a）线圈型；（b）永磁型

1—舌簧片；2—线圈；3—玻璃管；4—骨架

干簧继电器的特点是吸合功率小，灵敏度高；触点密封，不受尘埃、潮气及有害气体污染，触点电寿命长（一般可达 108 次左右）；动片质量小、动程短，动作速度快；结构简单，体积小；价格低廉，维修方便。不足之处是触点易冷焊粘住，过载能力低，触点断开距离小，耐压低，断开瞬间触点易抖动。

（6）固体继电器。固态继电器（SSR）的外形如图 2-55 所示。

（a）　　　　　　　　　　　　　　　（b）

图 2-55　固态继电器的外形

（a）单相固态继电器；（b）三相固态继电器

固态继电器通常有两个输入端和两个输出端，其输入与输出之间通常采用光电耦合器隔离。其线圈在小电流（几毫安）回路中接通（输入端），而输出端可控制大电流（几安培）回路。

固态继电器按其输出端负载的电源类型，可分为直流型和交流型两类。固态继电器的输出有常开和常闭两种触点形式。当固态继电器的输入端接入控制信号时，其输出端常开点闭合，常闭点断开。

固态继电器具有可靠性高、开关速度快、工作频率高、使用寿命长、便于小型化、输入控制电流小等优点，还可与 TTL、CMOS 等集成电路兼容。因此，在许多自动控制装置中替代了常规的继电器，而且还应用于微型计算机数据处理系统的终端装置、可编程控制器的输出模块、数控机床的数控装置以及在微机控制的测量仪表中。

2. 时间继电器

从获得输入信号（线圈的通电或断电）时起，经过一定的延时后才有信号输出（触点的闭合或断开）的继电器，称为时间继电器，它是一种利用电磁原理或机械动作原理来延迟触点闭合或分断的自动控制电器。它的种类很多，按其动作原理与构造不同，可分为空气阻尼式时间继电器、电子式时间继电器、电动式时间继电器、电磁式时间继电器等。时间继电器实物如图 2-56 所示。随着科学技术的发展，现代机床中，时间继电器已逐步被可编程序器件所代替。

图 2-56 时间继电器实物图

（1）空气阻尼式时间继电器。空气阻尼式时间继电器在机床中应用最多，其型号有 JS7-A 系列。根据触点的延时特点，可分为通电延时（如 JS7-1A 和 JS7-4A）与断电延时（如 JS7-1A 和 JS7-4A）两种。

其型号的含义如下：

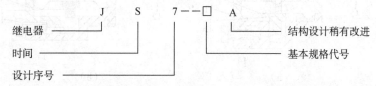

JS7-A 系列时间继电器的结构如图 2-57 所示，它主要由电磁机构、延时机构、工作触点等组成。电磁机构有交流、直流两种，延时方式有通电延时型和断电延时型。当衔铁（动铁芯）位于静铁芯和延时机构之间时为通电延时型；当静铁芯位于衔铁和延时机构之间时为断电延时型。

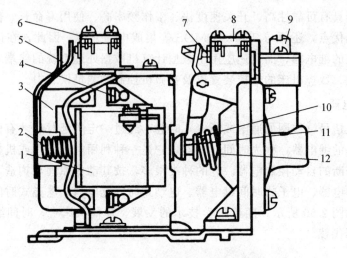

图 2-57　JS7-A 系列时间继电器结构

1—线圈；2—反力弹簧；3—衔铁；4—铁芯；5—弹簧片；6—瞬时触头；7—杠杆；

8—延时触头；9—调节螺钉；10—推杆；11—活塞杆；12—宝塔形弹簧

①通电延时型时间继电器。图 2-58（a）为通电延时型时间继电器的结构图。当线圈 1通电时，产生磁场，衔铁 3 克服反力弹簧阻力与铁芯吸合，活塞杆 6 在塔形弹簧 8 作用下带动活塞 12 及橡皮膜 10 向上移动，橡皮膜下方空气室空气变得稀薄形成负压，活塞杆只能缓慢移动，其移动速度由进气孔气隙大小来决定。经一段延时后，活塞杆通过杠杆 7 压动微动开关 15，使其触点动作，起到通电延时作用。

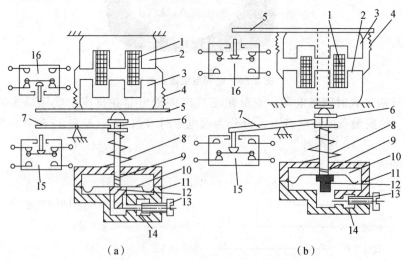

（a）　　　　　　　　　　　　　（b）

图 2-58　JS7-A 系列时间继电器的结构图

（a）通电延时型；（b）断电延时型

1—线圈；2—铁芯；3—衔铁；4—复位弹簧；5—推板；6—活塞杆；

7—杠杆；8—塔形弹簧；9—弱弹簧；10—橡皮膜；11—空气室壁；

12—活塞；13—调节螺杆；14—进气孔；15，16—微动开关

当线圈断电时，衔铁释放，橡皮膜下方空气室内的空气通过活塞肩部所形成的单向阀迅速排出，使活塞杆、杠杆、微动开关等迅速复位。从线圈得电到触点动作的一段时间即

为时间继电器的延时时间，延时长短通过调节螺杆 13 调节进气孔气隙大小来改变。

②断电延时型时间继电器。将图 2-58（a）所示通电延时型时间继电器的电磁铁翻转180°安装，即变成图 2-58（b）的断电延时型时间继电器。它的动作原理与通电延时型时间继电器基本相似，在此不再赘述，读者可自行分析。

空气阻尼式时间继电器结构简单、价格低廉、延时范围较大（0.4～180 s），但延时误差较大，难以精确地整定延时时间，常用于对延时精度要术不高的场合。日本生产的一种空气阻尼式时间继电器，其体积比 JS7 系列小 50％以上，延时时间可达几十分钟，延时精度为±10％。

表 2-6 列出了 JS7-A 空气阻尼式时间继电器的技术参数。

表 2-6　JS7-A 空气阻尼式时间继电器的技术参数

型　号	触点容量		延时触点数量				瞬时动作触点数量		线圈电压/V	延时整定范围/s	操作频率/（次/小时）
	电压/V	额定电流/A	线圈通电后延时		线圈断电后延时						
			开	闭	开	闭	开	闭			
S7-1A	380	5	1	1					36		600
JS7-2A	380	5	1	1			1	1	27	0.4～60 及	
JS7-3A	380	5			1	1			220	0.4～180	
JS7-4A	380	5			1	1	1	1	380		

时间继电器的图形符号及文字符号如图 2-59 所示。

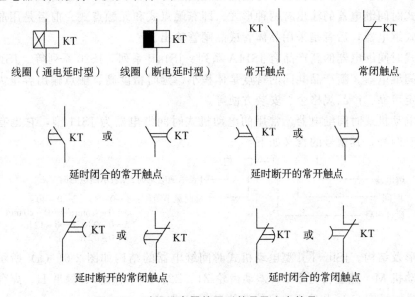

图 2-59　时间继电器的图形符号及文字符号

（2）电子式时间继电器。电子式时间继电器又称半导体时间继电器，是利用 RC 电路电容器充放电原理实现延时的。以 JSJ 型电子式时间继电器为例，其原理图如图 2-60

所示。

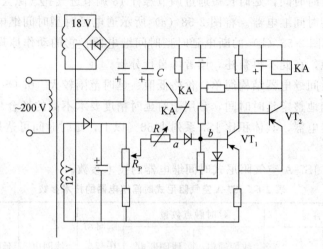

图 2-60　JSJ 型电子式时间继电器原理图

电路有两个电源：主电源由变压器二次侧的 18 V 电压经整流、滤波获得；辅助电源由变压器二次侧的 12 V 电压经整流、滤波获得。当变压器接通电源时，晶体管 VT_1 导通，VT_2 截止，继电器 KA 线圈中电流很小，KA 不动作。两个电源经可调电阻 R_P、R、KA 常闭触点向电容 C 充电，点电位逐渐升高。当点电位高于 b 点电位时，VT_1 截止，VT_2 导通，VT_2 集电极电流流过继电器 KA 的线圈，KA 动作，输出控制信号。在图 2-60中，KA 的常闭触点断开充电电路，常开触点闭合将电容放电，为下次工作做好准备。

调节 R_P，可改变延时时间。这种时间继电器体积小、延时范围大（0.2～300 s）、延时精度高、寿命长，在工业控制中得到广泛应用。

电子式时间继电器的输出有两种形式，即有触点式和元触点式。前者是用晶体管驱动小型电磁式继电器，后者是采用晶体管或晶闸管输出。

电子式时间继电器的新产品有 JS14A 系列、JS14P 系列、JS20 系列等。JS14P 系列为拨码式时间继电器。新产品共同的特点是体积小、延时精度高、触点输出容量大、工作寿命长且稳定可靠、产品规格全、安装方便等。

（3）电动机式时间继电器。常用的电动机式时间继电器为 JS11 型，它也有通电延时和断电延时两种，其型号的含义如下：

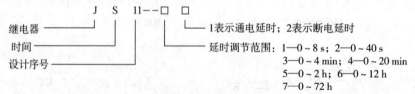

①外形及结构。JSll－□1 型电动机式时间继电器的结构如图 2-61（a）所示，它主要由同步电动机 M、减速齿轮系 Z、差动齿轮 Z1、Z2、Z3（棘齿）、棘爪 H、离合电磁铁 I、触点 C、脱扣机构 Ca、凸轮 L、复位游丝 F 等组成。

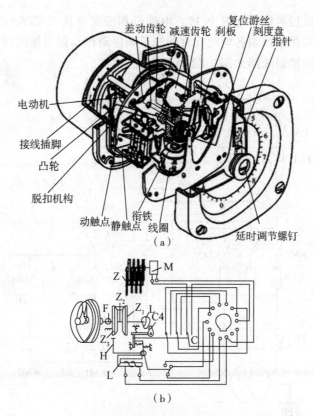

图 2-61　JS11－□1 型电动式时间继电器的结构及动作原理

(a) 结构；(b) 工作原理

②工作原理。如图 2-61 (b) 所示，当同步电动机 M 接通电源时，以恒速旋转，带动减速齿轮系 Z 与差动齿轮 Z1、Z2、Z3 一起转动。这时，差动齿轮 Z1 与 Z3 在轴上空转且方向相反，Z2 在另一轴上空转，而转轴不转。若要触点延时动作，则需接通离合电磁铁 1 线圈的电源，使它吸引衔铁，并通过棘爪 H 将 Z3 刹住不转，而使转轴带动指针和凸轮 L 逆向旋转，当指针转到 "0" 值时，凸轮 L 推动脱扣机构 Ca，使延时触点 C 动作，同步电动机便因常闭触点 C 延时断开而脱离电源停转。若要复原，则将电磁铁线圈电源断开，指针在复位游丝的作用下，顺时针旋转复原。延时长短可通过调节指针在刻度盘上的定位位置，即凸轮的起始位置而获得。凸轮离脱扣机构远一些，则要转动较长时间才能推动脱扣机构动作，触点动作所需要的时间就长一些。反之，就短一些。

由于同步电动机的转速恒定，不受电源电压波动影响，故这种时间继电器的延时精确度较高，且延时调节范围宽，可从几秒钟到数十分钟，最长可达数十个小时。

(4) 直流电磁式时间继电器。利用电磁惯性原理制成。其特点是结构简单、寿命长、允许操作频率高，但延时准确度较低、延时时间较短。以 JT 系列为例，最长不超过 5 s。一般只用于延时精度要求不高、延时时间不长的场合。

2.2.2　定子绕组串电阻降压起动

定子绕组串电阻降压起动时，在三相定子电路上串接电阻 R，使加在电动机绕组上的电压降低，起动完成后再将电阻 R 短接，电动机加额定电压正常运行。这种起动方式利用时间继电器延时动作来控制各电气元件的先后顺序动作，称为按时间原则的控制。定子绕组串电阻降压起动控制线路如图 2-62 所示。

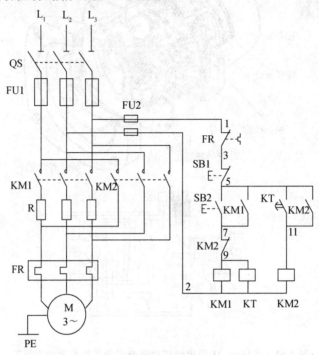

图 2-62　定子绕组串电阻降压起动控制线路

1. 线路工作过程

线路工作过程如下。

（1）起动→KM1 自锁触头闭合。合上电源开关 QS，按下 SB2→KM1 线圈得电→KM1 主触头闭合→电动机串联电阻 R 后起动；→KM1 常开触头闭合→KT 线圈得电→KM2 线圈得电→KM2 自锁触头闭合；→KM2 主触头闭合（短接电阻 R）→电动机 M 全压运行；→KM2 常闭触头断开→KM1、KT 线圈断电释放。

（2）停止。按下 SB1→KM2 线圈断电释放→M 断电停止。

起动电阻 R 一般采用 ZX1、ZX2 系列铸铁电阻，其功率大，能够通过较大电流；三相电路中每相所串电阻值相等。

定子绕组串电阻降压起动不受电动机接线形式限制，线路简单。中小型机床常用这种方法限制点动调整时电动机的起动电流，如 C650 型车床、T68 型卧式镗床、T612 型卧式镗床等。

2. 电动机定子串电阻降压起动控制电路接线示意图

电动机定子串电阻降压起动控制电路接线示意图如图 2-63 所示。

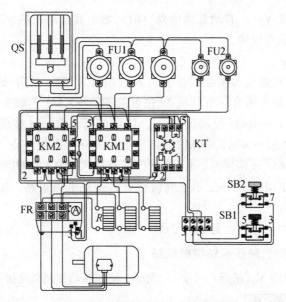

图 2-63　电动机定子串电阻降压起动控制电路接线示意图

2.2.3　星形、三角形降压起动

1. 鼠笼式异步电动机降压起动控制

鼠笼式异步电动机的 Y（星形）－△（三角形）降压起动控制线路，如图 2-64 所示，也是按时间原则控制。这种起动方法只适用于正常工作时定子绕组做三角形联结的电动机。起动时，先将定子绕组接成星形，使每相绕组电压为额定电压的 $1/\sqrt{3}$，起动完成再恢复成三角形接法，使电动机在额定电压下运行。它的优点是起动设备成本低，方法简单，容易操作，但起动转矩只有额定转矩的 1/3。

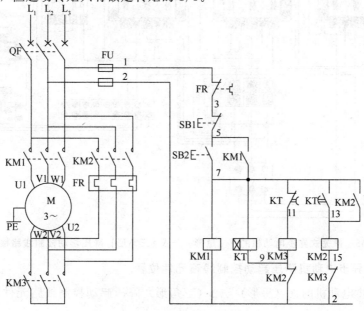

图 2-64　Y－△ 降压起动控制线路

鼠笼式异步电动机 Y－△自动起动电路（时间继电器自动切换）起动过程的 Y－△转换是靠时间继电器自动完成的。

控制电路分析如下。

（1）起动。KM1 自锁触头闭合；合上引入三相电源 QF，按下 SB2→KM1 线圈得电→KM3 线圈得电，主触头闭合→电动机 M 星形起动；→KM1 主触头闭合→KT 线圈得电延时→KM3 线圈断电；→KM2 线圈得电→KM1 线圈仍得电→M 接成三角形运行。

（2）停止。按下 SB1→KM1、KM2 线圈断电释放→M 断电停止。线路中的互锁环节，KM2 常闭触点接入 KM3 线圈回路；KM3 常闭触点接入 KM2 线圈回路，KM3 与 KM2 的动断触点保证接触器 KM3 与 KM2 不能同时得电，避免电源短路。KM3 的常闭触点同时使时间继电器 KT 断电。

电动机的过载保护由热继电器 FR 完成。

2. 鼠笼式异步电动机降压起动控制线路

鼠笼式异步电动机的 Y（星形）－△（三角形）降压起动控制线路接线图如图 2-65 所示。

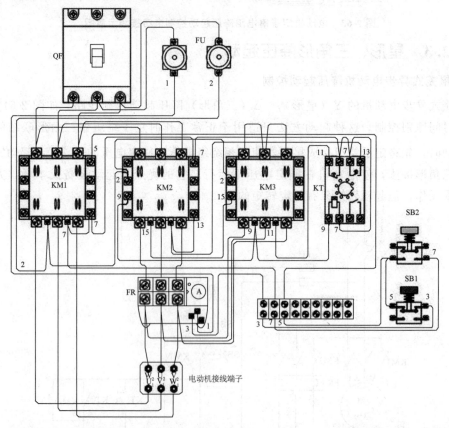

图 2-65 鼠笼式异步电动机的 Y（星形）－△（三角形）降压起动控制线路接线图

3. 鼠笼式异步电动机降压起动控制线路元件位置

鼠笼式异步电动机的 Y（星形）－△（三角形）降压起动控制线路元件位置图如图 2-66 所示。

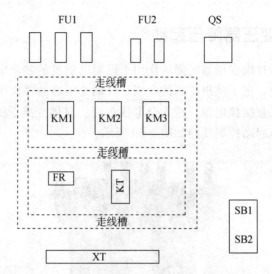

图 2-66 鼠笼式异步电动机的 Y（星形）－△（三角形）降压起动控制线路元件位置图

上面介绍的是利用时间继电器实现自动控制的 Y－△ 降压起动控制线路，下面再介绍一种手动控制的 Y－△ 降压起动线路。

手动控制的 Y－△ 起动器电路结构简单，操作也方便。它不需控制电路，直接用手动方式扳动手柄，切换主电路达到降压起动的目的。常用手动 Y－△ 起动器的结构，如图 2-67 所示。

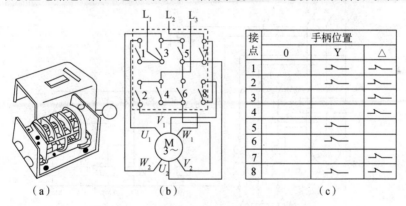

图 2-67 手动 Y－△ 起动器结构及控制线路

（a）手动 Y-△ 开关；（b）接线图；（c）触点状态表

图 2-67 中 L_1、L_2、L_3 分别接三相电源相线，U_1、V_1、W_1 与 U_2、V_2、W_2 分别为电动机三相绕组对应的首尾端。起动器的触点系统共有 8 副常开触点，当操作手柄置于"0"位置时，8 副常开触点全部分断，电动机绕组不通电，电动机处于停止状态。当操作手柄置于"Y"位置时，触点 1、2、5、6、8 闭合，3、4、7 断开。其中触点 1 闭合，使 U_1 接 L_1；触点 2 闭合，使 U_1 接 L_1；触点 8 闭合，使 V_1 接 L_2；触点 5、6 闭合，使 U_2、V_2、W_2 接在一点，电动机定子绕组接成 Y 形，实现降压起动。当电动机转速上升到接近额定值时，将手柄扳到"△"位置，触点 1、2、3、4、7、8 闭合，5、6 断开。其中触点 1、3闭合，使 U_1、W_2 相连并接通 L_1；触点 7、8 闭合，使 V_1、U_2 相连并接通 L_2；触点 2、4闭合，使 W_1、V_2 相连并接通 L_3，电动机定子绕组接成 △ 形全压运行。

2.2.4　自耦变压器降压起动

这种起动方式依靠自耦变压器的降压作用来限制电动机的起动电流。起动时，自耦变压器次级与电动机相连，定子绕组得到的电压是自耦变压器的二次电压，起动完毕，将自耦变压器切除，电动机直接接电源，进入全电压运行。自耦变压器的外形如图 2-68 所示，定子串自耦变压器降压起动控制线路如图 2-69 所示。

图 2-68　自耦变压器的外形

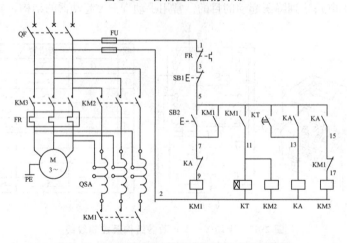

图 2-69　定子串自耦变压器降压起动控制线路

1. 线路工作过程

线路工作过程如下。

（1）起动。合上电源开关 QS→KM1 线圈得电→KM1 主触头和辅助触头闭合→M 定子串自耦变压器降压；按下 SB2→KT 线圈得电延时→KT 延时断开的常闭触头断开→KM1 线圈断电→切除自耦变压器；→KT 延时闭合常开触头闭合→KM2 线圈得电→KM2 主触头闭合→M 加全电压运行。

（2）停止。按下 SB1→KT 和 KM2 线圈断电释放→M 断电停止。

在获取同样起动转矩的情况下，这种起动方式从电网获取的电流，相对电阻降压起动要小得多，对电网的电流冲击小，功率损耗小。但自耦变压器价格较高，主要用于容量较大、正常运行为星形接法的电动机的起动。

2. 自耦变压器降压起动控制线路接线图

自耦变压器降压起动控制线路接线图如图 2-70 所示。

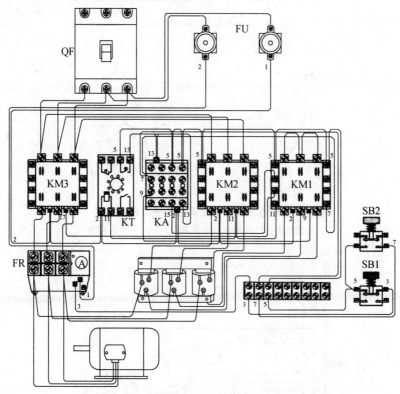

图 2-70　自耦变压器降压起动控制线路接线图

2.2.5　延边三角形降压起动

前面介绍的 Y－△降压起动有许多优点，不足的是起动转矩太小。如要求兼取星形联结起动电流小、三角形联结起动转矩大的优点，则可采用延边三角形降压起动。

延边三角形降压起动适用于定子绕组特别设计的电动机。这种电动机的定子每相绕组有三个端子，整个定子绕组共有九个出线端，其端子的联结方式如图 2-71 所示。

延边三角形降压起动时，将电动机定子绕组接成延边三角形，起动结束后，再换成三角形接法，转入全电压运行。延边三角形降压趋起动控制线路如图 2-72 所示。

（1）起动。合上电源开关 QS→KM 线圈得电并自锁→KM 主触点闭合→M 定子绕组端子 1、2、3 接电源；按下 SB2→KMY 线圈得电→KMY 主触点闭合→M 绕组端子 4-8、2-9、2-7 联结，M 接成延边三角形降压起动；→延时断开的常闭触点断开→KMY 线圈断电→→KT 线圈得电延时→延时闭合的常开触点闭合→ KM△线圈得电→KM△主触点闭合→M 绕组端子 1-6、2-4、3-5 相连接成三角形，全电压运行。

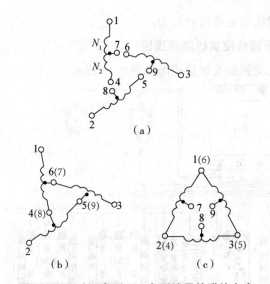

图 2-71　延边三角形—三角形端子的联结方式

（a）原始状态；（b）延边三角形联结；（c）三角形联结

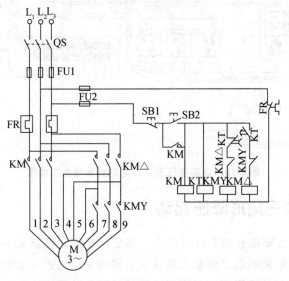

图 2-72　延边三角形降压起动控制线路

（2）停止。按下 SB_1→KM、KM△、KT 线圈断电→M 断电停止。

延边三角形降压起动，其起动转矩大于 Y－△ 降压起动，不需要专门的起动设备，线路结构简单，但电动机引出线多，制造难度相对要大一些，在一定程度上限制了它的使用范围。

综合上面介绍的几种起动控制方式，均是利用时间继电器来控制线路中各电器的动作顺序，完成操作任务。这种按时间原则进行的控制，称为时间原则自动控制，简称时间控制。

2.2.6　绕线转子电动机起动控制

对于鼠笼式异步电动机来说，在容量较大且需重载起动的场合，增大起动转矩与限制起动电流的矛盾十分突出。为此，在桥式起重机等要术起动转矩较大的设备中，常采用绕线转子电动机。

绕线转子电动机可以在转子绕组中通过集电环串接外加电阻或频敏变阻器起动，达到减小起动电流、提高转子电路功率因数和增大起动转矩的目的。

1. 绕线转子电动机串电阻起动控制

绕线转子电动机串电阻起动控制，常用的有按电流原则和按时间原则两种控制线路。这里仅介绍按电流原则控制的绕线转子电动机串接电阻的起动线路。

按电流原则控制的绕线转子电动机串电阻起动控制线路如图 2-73 所示。起动电阻接成星形，串接于三相转子电路中。起动前，起动电阻全部接入电路。起动过程中，电流继电器根据电动机转子电流大小的变化控制电阻的逐级切除。图 2-73 中，KA1～KA3 为欠电流继电器，这三个继电器的吸合电流值相同，但释放电流不一样。KA1 的释放电流最大，KA2 次之，KA3 的释放电流最小。刚起动时，起动电流较大，KA1～KA3 同时吸合动作，使全部电阻接入。随着转速升高，电流减小，KA1～KA3 依次释放，分别短接电阻，直到转子串接的电阻全部短接。

线路工作过程如下。

(1) 起动。合上电源开关 QS→按下 SB2→KM 主触点闭合→M 转子串接全部电阻起动；→KM 线圈得电并自锁→中间继电器 KA 得电，为 KM1、KM3 通电做准备→随着转速升高，转子电流逐渐减小→KA1 最先释放，其常闭触点闭合→KM1 线圈得电，主触点闭合→短接第一级电阻 R_1→M 转速升高，转子电流又减小→KA2 释放，其常闭触点闭合→KM2 线圈得电，主触点闭合→短接第二级电阻 $R2$→M 转速再升高，转子电流再减小→KA3 最后释放，常闭触点闭合→KM3 线圈得电，主触点闭合→短接最后一段电阻 R_3，M 起动过程结束。

(2) 停止。按下 SB$_1$→KM、KA、KM1～KM3 线圈均断电释放→M 断电停止。中间继电器 KA 是为保证电动机起动时，转子电路串入全部电阻而设计。若无 KA，在电动机起动时，转子电流由零上升但尚未达到电流继电器的吸合电流值，KA1～KA3 不能吸合，接触器 KM1～KM3 同时通电，转子电阻全部被短接，电动机处于直接起动状态。有了 KA，从 KM 线圈得电到 KA 常开触点闭合需要一段时间，这段时间能保证转子电流达到最大值，使 KA1～KA3 全部吸合，其常闭触点全部断开，KM1～KM3 均断电，确保电动机串入全部电阻起动。

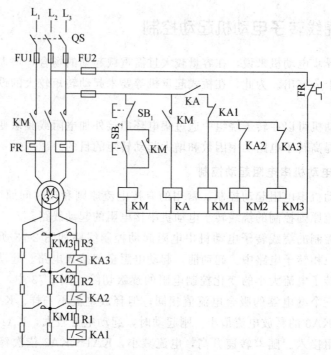

图 2-73　按电流原则控制的绕线转子电动机串电阻起动控制线路

2. 绕线转子电动机串接频敏变阻器起动控制

在转子串电阻起动中，由于电阻是逐级切除的，起动电流和转矩突变，产生一定的机械冲击力，而且电阻本身粗笨，体积较大，能耗大，控制线路复杂。频敏变阻器的阻抗能随着电动机转速的上升而自动平滑地减小，使电动机能平稳地起动，常用于较大容量绕线转子电动机的起动。

（1）频敏变阻器的结构和等效电路。频敏变阻器的外形和等效电路如图 2-74 所示。频敏变阻器由铁芯和绕组两个主要部分组成。一般做成三柱式，每个柱上有一个绕组，实际是一个特殊的三相铁芯电抗器，通常接成星形，铁芯是用几毫米到几十毫米厚的钢板焊成的。图 2-74（b）是等效电路，R_d 为绕组直流电阻，R 为铁损等效电阻，L 为等效电感，R、L 值与转子电流频率有关。

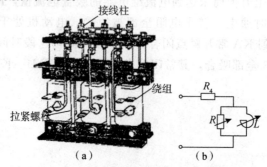

图 2-74　频敏变阻器的外形和等效电路

（a）外形；（b）等效电路

在起动过程中，随着转速的变化，转子电流频率是变化的。刚起动时，转速为零，转差率 $S=1$，转子电流频率 f_2 与电源频率 f_1 的关系为 $f_2=Sf_1$。所以，刚起动时，$f_2=f_1$，频敏变阻器的电感和电阻均为最大，转子电流受到抑制。随着电动机转速的升高，S 减小，f_2 下降，频敏变阻器的阻抗随之减小。可见，绕线转子电动机转子串接频敏变阻器起动时，随着电动机转速的升高，变阻器阻抗逐渐减小，实现了平滑的无级起动。

绕线转子电动机串接频敏变阻器起动控制线路如图 2-75 所示。

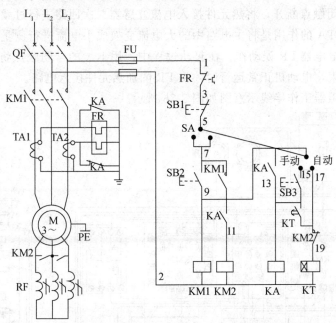

图 2-75 绕线转子电动机串接频敏变阻器起动控制线路图

（2）电路工作原理。电路工作过程可分为自动控制和手动控制，中间由转换开关 SA 完成。

①自动控制。自动控制的步骤如下。

a. 合上空气开关 QF 接通三相电源。

b. 将 SA 扳向自动位置，按 SB2 交流接触器 KM1 线圈得电并自锁，主触头闭合，动机定子接入三相电源开始起动（此时频敏变阻器串入转子回路）。

c. 此时时间继电器 KT 也通电并开始计时，达到整定时间后 KT 的延时闭合的常开接点闭合，接通了中间继电器 KA 线圈回路，KA 其常开接点闭合，使接触器 KM2 线圈回路得电，KM2 的常开触点闭合，将频敏变阻器短路切除，起动过程结束。

d. 线路过载保护的热继电器接在电流互感器二次侧，这是因为电动机容量大。为了提高热继电器的灵敏度和可靠性，故接入电流互感器的二次侧。

e. 在起动期间，中间继电器 KA 的常闭接点将继电器的热元件短接，是为了防止起动电流大引起热元件误动作。在进入运行期间 KA 常闭触点断开，热元件接入电流互感器二次回路进行过载保护。

②手动控制。手动控制的步骤如下。

a. 合上空气开关 QF 接通三相电源。

b. 将 SA 扳至手动位置。

c. 按下起动按钮 SB2，接触器 KM1 线圈得电，吸合并自锁，主触头闭合电动机带频敏变阻器起动。

d. 待转速接近额定转速或观察电流表接近额定电流时，按下按钮 SB3 中间继电器 KA 线圈得电吸合并自锁，KA 的常开触点闭合接通 KM2 线圈回路，KM2 的常开触点闭合将频敏变阻器短路切除。

e. KA 的常闭触点断开，将热元件接入电流互感器二次回路进行过载保护。

电流互感器 TA 的作用是将主电路中的大电流变换成小电流进行测量。为避免因起动时间较长而使热继电器 FR 误动作，在起动过程中，用 KA 的常闭触点将 FR 的加热元件短接，待起动结束，电动机正常运行时才将 FR 的加热元件接入电路。

串接频敏变阻器工作接线示意图如图 2-76 所示。

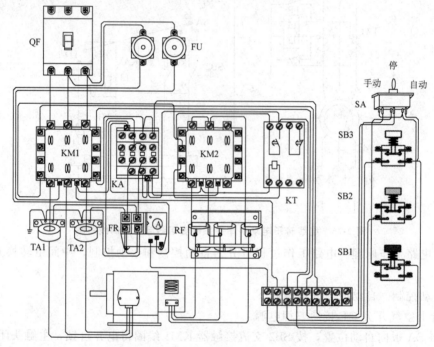

图 2-76 绕线转子电动机回路串接频敏变阻器工作接线示意图

1. 任务内容

三相异步电动机星形—三角形降压起动控制电路的装接与调试。（可根据实训室具体情况安排多个任务）

2. 任务要求

三相异步电动机全压起动控制线路装接与调试的任务要求如下。

（1）按照工艺规程安装电气元件。

(2) 按照工艺要求对控制电路接线。

(3) 能正确对控制电路通电试车。

3. 设备工具

三相异步电动机全压起动控制线路装接与调试的设备工具主要有以下几个。

(1) 电机控制实训台（含网孔板、低压电气元件）：1 套。

(2) 三相异步电动机：1 台。

(3) 万用表、钳形电流表、兆欧表：各 1 块。

(4) 电工工具：1 套。

(5) 导线、U 形线鼻、针形线鼻、套管、线槽、扎带等。

4. 实施步骤

三相异步电动机全压起动控制线路装接与调试的实施步骤如下。

(1) 正确选用电气元件、导线、线鼻等器材。

(2) 对电气元件进行检查，确定外观无损伤，触点分合正常，附件齐全完好。

(3) 绘制三相异步电动机降压起动控制电路元件布置图。

(4) 按照元件布置图在网孔板上安装电气元件和线槽，使各元器件间距合理，紧固程度适当，位置便于手动操作。

(5) 绘制三相异步电动机降压起动控制电路安装接线图。

(6) 按照安装接线图进行配线。要求主电路、控制电路区分清晰，布线横平竖直，连接牢靠，线号正确，整体走线合理美观。

(7) 对电动机的质量进行常规检查后，安装电动机，可靠连接电动机和各电气元件金属外壳的接地线。

(8) 连接电源、电动机等网孔板外部的导线。

(9) 根据电气原理图和安装接线图，认真检查装接完毕的控制电路，核对接线是否正确，连接点是否符合工艺要求，以防止造成电路不能正常工作和短路事故。

(10) 经过指导教师许可后，通电试车。通电时指导教师必须在现场监护。

(11) 通电时，注意三相电源是否正常；按下起动按钮后，观察接触器等元件工作是否正常、动作是否灵活；观察电动机运行是否正常，有无噪声过大等异常现象；检查电路工作是否满足功能要求；如果出现故障，学生应独立检查，带电检查时，指导教师必须在现场监护；故障排除后，经指导教师同意可再次通电试车，故障原因及排除记录到任务报告中。

5. 考核标准

三相异步电动机降压起动控制电路装接与调试考核标准如表 2-7 所示。

表 2-7　三相异步电动机降压起动控制电路装接与调试考核标准

项目内容	分数	扣分标准	得分
元器件安装	10	(1) 不按元件布置图安装，扣 10 分； (2) 元器件松动、不整齐，每处扣 5 分； (3) 损坏元器件，每个扣 10 分	
控制电路布线	40	(1) 不按电气原理图布线，扣 30 分； (2) 出现交叉线、架空线、缠绕线、叠压线，每处扣 5 分； (3) 走线不整齐、不进线槽，每处扣 5 分； (4) 接线端压绝缘层、反圈、露铜过长，每处扣 5 分； (5) 接线端子上连接导线超过两根，每处扣 5 分； (6) 接线端连接不牢靠，每处扣 5 分； (7) 损伤线芯和导线绝缘，每处扣 5 分； (8) 网孔板的进出线未经端子排转接，每处扣 5 分； (9) 线鼻、线号错误，每处扣 5 分； (10) 整体走线不合理、不美观，酌情扣分	
通电试车	40	(1) 第一次通电试车不成功，扣 20 分； (2) 第二次通电试车不成功，扣 30 分； (3) 第三次通电试车不成功，扣 40 分	
安全操作	10	(1) 不遵守实训室规章制度，扣 10 分； (2) 未经允许擅自通电，扣 10 分	
合计			

任务 2.3　三相异步电动机正反转控制线路装接与调试

　　在实际应用中，往往要求生产机械改变运动方向，如主轴的伸缩、工作台的左右移动等。这就要求电动机能实现正转、反转两个方向的运转。由三相异步电动机的工作原理可知，只要将电动机接在三相电源中的任意两根电线对调，即改变电源的相序，就可实现电动机的反转。

掌握三相异步电动机正反转控制电路的基本工作原理及设计方法；能选择合适性能的低压电气元件对三相异步电动机正反转控制电路进行装配、接线、调试与检修。

2.3.1 相关低压电气元件

1. 速度继电器

速度继电器又称反接制动继电器，其作用是与接触器配合，对笼式异步电动机进行反接制动控制。机床控制线路中常用的速度继电器有 JY1、JFZ0 系列。

（1）外形与结构。图 2-77 为 JY1 系列速度继电器的外形及结构。它主要由永久磁铁制成的转子、用硅钢片叠成的铸有笼形绕组的定子、支架、胶木摆杆和触点系统等组成，其中转子与被控电动机的转轴相连接。

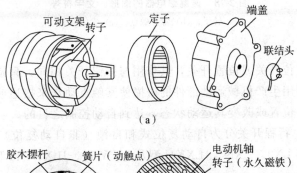

（a）

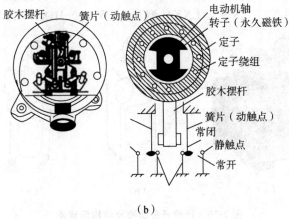

（b）

图 2-77 JY1 系列速度继电器的外形及结构

（a）外形；（b）结构

（2）工作原理。由于速度继电器与被控电动机同轴连接，当电动机制动时，由于惯性，它要继续旋转，从而带动速度继电器的转子一起转动。该转子的旋转磁场在速度继电器定子绕组中感应出电动势和电流,由左手定则可以确定。此时,定子受到与转子转向相同的电磁转矩的作用,使定子和转子沿着同一方向转动。定子上固定的胶木摆杆也随着转动,推动簧片(端部有动触点)与静触点闭合(按轴的转动方向而定)。静触点又起挡块作用,限制胶木摆杆继续转动。因此,转子转动时,定子只能转过一个不大的角度。当转子转速接近于零(低于 100 r/min)时,胶木摆杆恢复原来状态,触点断开,切断电动机的反接制动电路。

速度继电器的动作转速一般不低于 1 300 r/min,复位转速在 1 000 r/min 以下。使用时,应将速度继电器的转子与被控电动机同轴连接,而将其触点(一般用常开触点)串联在控制电路中,通过控制接触器来实现反接制动。速度继电器的图形符号及文字符号如图 2-78 所示。

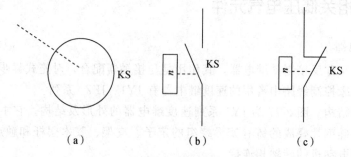

图 2-78　速度继电器的图形、文字符号

(a) 转子;(b) 常开触点;(c) 常闭触头

2. 行程开关

行程开关又称限位开关或位置开关,其作用与按钮开关相同,只是其触点的动作不是靠手动操作,而是利用生产机械运动部件的碰撞使其触点动作来接通或分断电路,从而限制机械运动的行程、位置或改变其运动状态,达到自动控制之目的。

如图 2-79 所示,行程开关分为自动复位式和自锁(非自动复位)式两种。机床上常用的行程开关型号有 LX2、LX19、JLXK11 型及 LXW-11、JLXW1-11 型(微动开关)等。

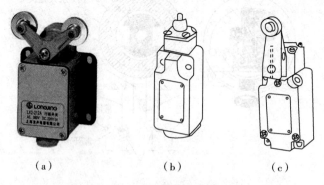

图 2-79　行程开关实物及结构示意图

(a) 实物图;(b) 按钮式行程开关;(c) 触并行程开关

为了适应生产机械对行程开关的碰撞,行程开关有多种构造形式,常用的有直动式(按钮式)、滚轮式(旋转式)。其中滚轮式又有单滚轮式和双滚轮式两种。直动式和滚轮式行程开关分别如图 2-80、图 2-81 所示,行程开关的图形符号及文字符号如图 2-82 所示。

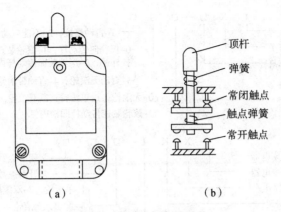

图 2-80 直动式行程开关

（a）外形图；（b）原理图

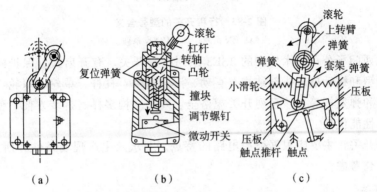

图 2-81 滚轮式行程开关

（a）外形图；（b）内部结构；（c）原理图

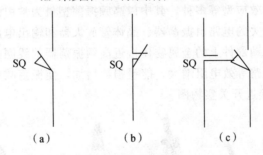

图 2-82 行程开关的图形、文字符号

（a）常开触点；（b）常闭触点；（c）文字符号

行程开关的型号含义如图 2-83 所示。

各种系列的行程开关其基本结构相同，区别仅在于使行程开关动作的传动装置和动作速度不同。直动式行程开关触点的分合速度取决于挡块移动速度。当挡块移动速度低于 4 m/min 时，触点切断太慢，易受电弧烧灼，这时应采用有盘形弹簧机构能瞬时动作的滚轮式行程开关，或采用更为灵敏、轻巧的微动开关。

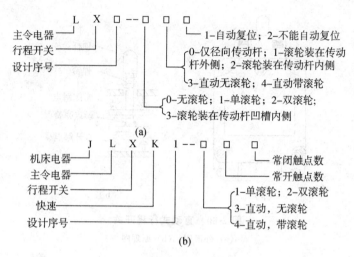

(a)

(b)

图 2-83 行程开关的型号含义

（a）LX 系列；（b）JLXK 系列

引进德国西门子公司技术生产的 3SE3 系列行程开关，有开启式、保护式两大类。动作方式有瞬动型和蠕动型，头部结构有直动、滚轮直动、杠杆、单轮、双轮、滚轮摆杆可调、杠杆可调和弹簧杆等。该系列开关规格全、外形结构多样、拆装方便、使用灵活、动作可靠、技术性能优良。

选用行程开关，主要应根据被控电路的特点、要求及生产现场条件和所需触点数量、种类等因素综合考虑。

3. 接近开关

接近开关也称为无触点开关。按其工作原理可分为高频振荡型、电容型、感应电桥型、永久磁铁型、霍尔效应型等多种，其中以高频振荡型最为常用。

高频振荡型接近开关的电路由振荡器、晶体管放大器和输出电路三部分组成。其基本工作原理是：当装在运动部件上的金属物体接近高频振荡器的线圈时，由于该物体内部产生涡流损耗，使振荡回路等效电阻增大，能量损耗增加，使振荡减弱直至终止，开关输出控制信号。图 2-84 为接近开关实物图。

图 2-84 接近开关实物图

接近开关应根据其使用的目的、使用场所的条件以及与控制装置的相互关系等来选择。要注意检测物体的形状、大小、有无镀层，检测物体与接近开关的相对移动方向及其检测距离等因素。检测距离也称为动作距离，是接近开关刚好动作时感辨头与检测体之间的距离，如图 2-85 所示。

　　接近开关多为三线制。三线制接近开关有两根电源线（通常为直流 24 V）和一根输出线。常用的接近开关有 LJ1、LJ2、JX10 及 JK 等系列。接近开关具有工作稳定可靠、使用寿命长、重复定位精度高、操作频率高、动作迅速等优点，因此，应用越来越广泛。

　　接近开关的图形符号及文字符号如图 2-86 所示。接近开关可视为行程开关的一种，所以在机床电气中，也可通用行程开关的图形符号。

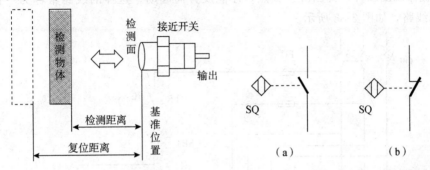

图 2-85　接近开关的检测距离　　　图 2-86　接近开关的图形符号及文字符号

（a）常开触点；（b）常闭触点

2.3.2　三相异步电动机的正反转控制

　　图 2-87 为三相异步电动机的正反转控制线路。电动机的正反转是通过两个接触器 KM1、KM2 的主触点，改变电动机定子绕组的电源相序而实现的。图 2-87 中接触器 KM1 为正向接触器，控制电动机 M 正转；接触器 KM2 为反向接触器，控制电动机 M 反转。

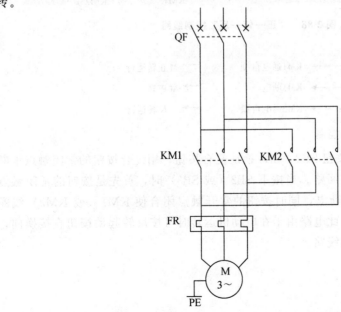

图 2-87　三相异步电动机的正反转控制线路

1. 电动机的"正—停—反"控制

如图 2-88 所示，按下起动按钮 SB2（或 SB3），接触器 KM1（或 KM2）线圈通电，KM1（或 KM2）的主触点使电动机正转（或反转）起动，其自锁触点使电动机正转（或反转）运行。由于 KM1、KM2 两个接触器的常闭触点起互锁作用，即当一个接触器通电时，其常闭触点断开，使另一个接触器线圈不能通电。电动机换向时，必须先按停止按钮 SB1，使接触器线圈断开，即断开互锁点，才能反方向起动。这样的线路常称为"正—停—反"控制线路，如图 2-88 所示。

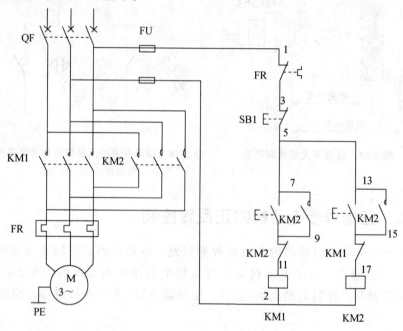

图 2-88 "正—停—反"控制线路

简要分析如下：

按SB2 ⟶ KM1通电自锁 ⟶ M 正转运行

按SB1 ⟶ KM1断电 ⟶ M 停转

按SB3 ⟶ KM2通电自锁 ⟶ M 反转运行

2. 电动机的"正-反-停"控制

如图 2-89 所示，将起动按钮 SB2、SB3 换成复合按钮，用复合按钮的常闭触点来断开转向相反的接触器线圈的通电回路。当按下 SB2（或 SB3）时，首先是按钮的常闭触点断开，使 KM2（或 KM1）线圈断电，同时按钮的常开触点闭合使 KM1（或 KM2）线圈通电吸合，电动机反方向运转。此电路由于在电动机运转时可按反转起动按钮直接换向，因此常称为"正—反—停"控制线路。

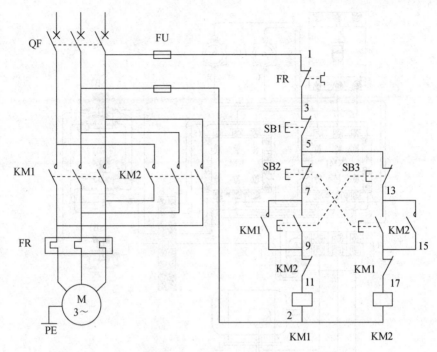

图 2-89　正一反一停控制线路

简要分析如下：

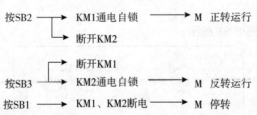

按SB2 → KM1通电自锁 ─→ M 正转运行
　　　 → 断开KM2

　　　 → 断开KM1
按SB3 → KM2通电自锁 ─→ M 反转运行

按SB1 → KM1、KM2断电 ─→ M 停转

　　虽然采用复合按钮也能起到互锁作用，但只靠按钮互锁而不用接触器常闭触点进行互锁是不可靠的。因为当接触器主触点被强烈的电弧"烧焊"在一起或者接触器机构失灵时，会使衔铁卡在吸合状态，此时，如果另一只接触器动作，就会造成电源短路事故。有接触器常闭触点互锁，则只要一个接触器处在吸合状态位置时，其常闭触点必然将另一个接触器线圈电路切断，故能避免电源短路事故的发生。

3. 电动机正一反一停运行控制接线

电动机正一反一停运行控制接线示意图如图 2-90 所示。

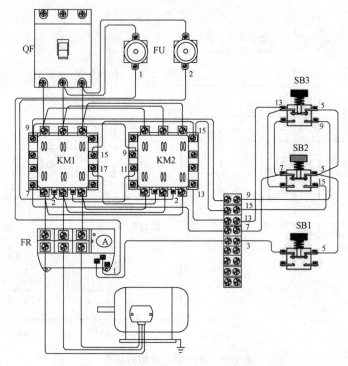

图 2-90　电动机正—反—停运行控制接线示意图

4. 电气元件位置

电气元件位置图如图 2-91 所示。

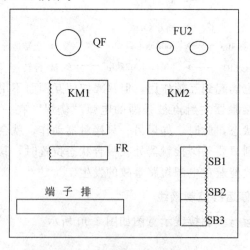

图 2-91　电器元件位置图

2.3.3　电动机的正反转自动循环控制

按位置原则的自动控制是生产机械电气化自动中应用最多和作用原理最简单的一种形式，在位置控制的电气自动装置线路中，由行程开关或终端开关的动作发出信号来控制电动机的工作状态。图 2-92 是一个机械运动的示意图。

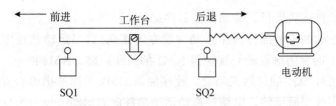

图 2-92　机械运动的示意图

　　图 2-93 是用行程开关实现电动机正反转的自动循环控制线路，常用于机床工作台的往返循环控制。当运动到达一定的行程位置时，利用挡块压行程开关来实现电动机的正反转。图 2-92 中 SQ1 与 SQ2 分别为工作台左行与右行限位开关，SB2 与 SB3 分别为电动机正转与反转起动按钮。此控制线路只适用于往返运动周期较长，而且电动机的轴有足够强度的传动系统中。

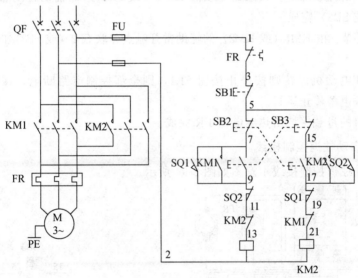

图 2-93　电动机自动往返控制电路

　　按正转起动，电动机正转，工作台右移。当工作台运动到右端时，挡块压下右行限位开关 SQ1，电动机反转，使工作台左移。当运动到挡块压下左行限位开关 SQ2 时，电动机正转，使工作台右移，这样一直循环下去。

　　若在预定的位置电动机需要停止，则将行程开关的常闭触点串接在相应的控制电路中，这样在机械装置运动到预定位置时行程开关动作，常闭触点断开相应的控制电路，电动机停转，机械运动也停止。

　　若需停止后立即反向运动，则应将此行程开关的常开触点并接在另一控制回路中的起动按钮处，这样在行程开关动作时，常闭触点断开了正向运动控制的电路，同时常开触点又接通了反向运动的控制电路。

1. 电动机自动往返循环控制电路

电动机自动往返循环控制电路的动作原理如下。

（1）合上空气开关 QF 接通三相电源。

（2）按下正向起动按钮 SB3 接触器 KM1 线圈通电吸合并自锁，KM1 主触头闭合接通电动机电源，电动机正向运行，带动机械部件运动。

（3）电动机拖动的机械部件向左运动（设左为正向），当运动到预定位置挡块碰撞行程开关 SQ1，SQ1 的常闭触点断开接触器 KM1 的线圈回路，KM1 断电，主触头释放，电动机断电。与此同时 SQ1 的常触点闭合，使接触器 KM2 线圈通电吸合并自锁，其主触头使电动机电源相序改变而反转。电动机拖动运动部件向右运动（设右为反向）。

（4）在运动部件向右运动过程中，挡块使 SQ1 复位为下次 KM1 动作做好准备。当机械部件向右运动到预定位置时，挡块碰撞行程开关 SQ2，SQ2 的常闭触点断开接触器 KM2 线圈回路，KM2 线圈断电，主触头释放，电动机断电停止向右运动。与此同时 SQ2 的常开触点闭合使 KM1 线圈通电并自锁，KM1 主触头闭合接通电动机电源，电动机运转，并重复以上的过程。

（5）电路中的互锁环节：接触器互锁由 KM1（或 KM_2）的辅助常闭触点互锁；按钮互锁由 SB2（或 SB3）完成。

（6）自锁环节：由 KM1（或 KM2）的辅助常开触点并联 SB2（或 SB3）的常开触点实现自锁。

（7）若想使电动机停转则按停止按钮 SB1，则全部控制电路断电，接触器主触头释放，电动机断开电源停止运行。

（8）电动机的过载保护由热继电器 FR 完成。

2. 电动机自动往返控制接线

电动机自动往返控制接线示意图如图 2-94 所示。

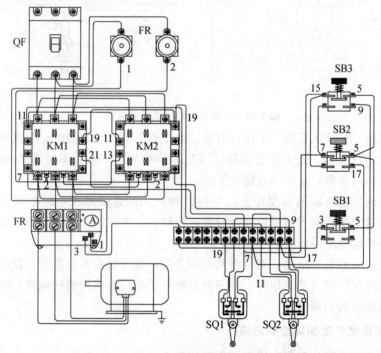

图 2-94　电动机自动往返控制接线示意图

1. 任务内容

三相异步电动机"正—反—停"控制电路的装接与调试。（可根据实训室具体情况安排多个任务）

2. 任务要求

三相异步电动机正反转控制线路装接与调试的任务要求如下。

（1）按照工艺规程安装电气元件。

（2）按照工艺要求对控制电路接线。

（3）能正确对控制电路通电试车。

3. 设备工具

三相异步电动机正反转控制线路装接与调试的设备工具主要有以下几个。

（1）电机控制实训台（含网孔板、低压电气元件）：1 套。

（2）三相异步电动机：1 台。

（3）万用表、钳形电流表、兆欧表：各 1 块。

（4）电工工具：1 套。

（5）导线、U 形线鼻、针形线鼻、套管、线槽、扎带等。

4. 实施步骤

三相异步电动机正反转控制线路装接与调试的实施步骤如下。

（1）正确选用电气元件、导线、线鼻等器材。

（2）对电气元件进行检查，确定外观无损伤，触点分合正常，附件齐全完好。

（3）绘制三相异步电动机正反转控制电路元件布置图。

（4）按照元件布置图在网孔板上安装电器元件和线槽，使各元器件间距合理，紧固程度适当，位置便于手动操作。

（5）绘制三相异步电动机正反转控制电路安装接线图。

（6）按照安装接线图进行配线。要求主电路、控制电路区分清晰，布线横平竖直，连接牢靠，线号正确，整体走线合理美观。

（7）对电动机的质量进行常规检查后，安装电动机，可靠连接电动机和各电气元件金属外壳的接地线。

（8）连接电源、电动机等网孔板外部的导线。

（9）根据电气原理图和安装接线图，认真检查装接完毕的控制电路，核对接线是否正确，连接点是否符合工艺要求，以防止造成电路不能正常工作和短路事故。

（10）经过指导教师许可后，通电试车。通电时指导教师必须在现场监护。

（11）通电时，注意三相电源是否正常；按下起动按钮后，观察接触器等元件工作是否正常、动作是否灵活；观察电动机运行是否正常，有无噪声过大等异常现象；检查电路工作是否满足功能要求；如果出现故障，学生应独立检查，带电检查时，指导教师必须在

现代工业设备电气控制技术

现场监护；故障排除后，经指导教师同意可再次通电试车，故障原因及排除记录到任务报告中。

5. 考核标准

三相异步电动机正反转控制电路装接与调试考核标准如表 2-8 所示。

表 2-8　三相异步电动机正反转控制电路装接与调试考核标准

项目内容	分数	扣分标准	得分
元器件安装	10	(1) 不按元件布置图安装，扣 10 分； (2) 元器件松动、不整齐，每处扣 5 分； (3) 损坏元器件，每个扣 10 分	
控制电路布线	40	(1) 不按电气原理图布线，扣 30 分； (2) 出现交叉线、架空线、缠绕线、叠压线，每处扣 5 分； (3) 走线不整齐、不进线槽，每处扣 5 分； (4) 接线端压绝缘层、反圈、露铜过长，每处扣 5 分； (5) 接线端子上连接导线超过两根，每处扣 5 分； (6) 接线端连接不牢靠，每处扣 5 分； (7) 损伤线芯和导线绝缘，每处扣 5 分； (8) 网孔板的进出线未经端子排转接，每处扣 5 分； (9) 线鼻、线号错误，每处扣 5 分； (10) 整体走线不合理、不美观，酌情扣分	
通电试车	40	(1) 第一次通电试车不成功，扣 20 分； (2) 第二次通电试车不成功，扣 30 分； (3) 第三次通电试车不成功，扣 40 分	
安全操作	10	(1) 不遵守实训室规章制度，扣 10 分； (2) 未经允许擅自通电，扣 10 分	
合计			

任务2.4　三相异步电动机制动控制线路装接与调试

很多生产机械都希望在停车时有适当的制动作用，使运动部件迅速停车。当电动机定子绕组断电后，由于惯性作用，电动机不能马上停止运转。而很多生产机械，如起吊重物的行车，机床上需要迅速停车、准确定位的机构等，都要求电动机断电后立即停转。这就

要求对电动机进行制动，强迫其立即停车。常用的制动方式有机械制动和电气制动，后者包括反接制动和能耗制动。

掌握三相异步电动机制动控制电路的基本工作原理及设计方法；能选择合适性能的低压电气元件对三相异步电动机制动控制电路进行装配、接线、调试与检修。

2.4.1　机械制动控制

所谓机械制动就是利用机械装置使电动机断电后立即停转。目前使用较多的机械制动装置是电磁抱闸，其基本结构如图 2-95 所示，它的主要工作部分是电磁铁和闸瓦制动器。电磁铁由电磁线圈、静铁芯、衔铁组成，闸瓦制动器由闸瓦、闸轮、弹簧、杠杆等组成。其中闸轮与电动机转轴相连，闸瓦对间轮制动力矩的大小可通过调整弹簧弹力来改变。

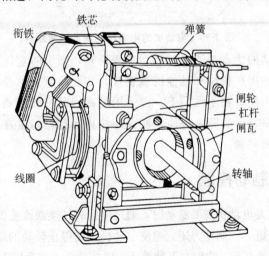

图 2-95　电磁抱闸结构示意图

电动机的电磁抱闸制动控制电路如图 2-96 所示。抱闸的电磁线圈由 380 V 交流电源供电，当需电动机起动运行时，按下起动按钮 SB2，接触器 KM 线圈通电，其自锁触点和主触点同时闭合，电动机 M 通电。与此同时，抱闸电磁线圈通电，电磁铁产生磁场力吸合衔铁，衔铁克服弹簧的弹力，带动制动杠杆动作，推动闸瓦松开闸轮，电动机立即起动运转。停车时，只需按下停车按钮 SB1，接触器 KM 线圈断电，主触点释放，电动机绕组和电磁抱闸线圈同时断电，电磁铁衔铁释放，弹簧的弹力使闸瓦紧紧抱住闸轮，闸瓦与闸轮间强大的摩擦力使惯性运动的电动机立即停止转动。

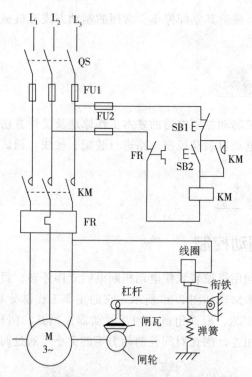

图 2-96　电动机的电磁抱闸制动控制线路

采用电磁抱闸制动的优点是通电时制动装置松开，断电时它能起制动作用，适用于要求断电时能进行制动的生产机械和其他机械装置，如起吊重物的卷扬机，当重物起吊到一定高度时突然停电，为使重物不致掉下，应采用电磁抱闸进行制动；再如客货电梯，如果运行中突然停电或电路发生故障，应使轿厢立即停止运行，稳定在井道中，等待救援。因此，也采用了电磁抱闸制动。

2.4.2　电气制动控制

所谓电气制动，就是电动机需要制动时，通过电路的转换或改变供电条件使其产生与实际运转方向相反的电磁转矩——制动力矩，迫使电动机迅速停止转动的制动方式。常用的电气制动方式有反接制动和能耗制动，它们在万能铣床、卧式镗床、组合机床中时有应用。

1. 反接制动

反接制动的实质是改变异步电动机定子绕组中的三相电源相序，产生与转子转动方向相反的转矩，迫使电动机迅速停转。其控制线路有单向运行反接制动控制线路和可逆运行反接制动控制线路。

（1）单向运行反接制动控制线路。电动机单向运行反接制动控制线路如图 2-97 所示。线路工作过程如下。

①起动。KM1 自锁触头闭合；合上 QS→按下 SB2→KM1 线圈得电→KM1 互锁触头断开；→KM1 主触头闭合→电动机 M 正转运行，KS 常开触点闭合，为停车时反接制动作好准备。

②制动停车。KM1 线圈断电→KM1 主触点释放→M 断电，惯性运转；按下停车按钮

SB1→KM2 自锁触头闭合；KM2 线圈得电→KM2 互锁触头断开；→KM2 主触头闭合，串入电阻 R 反接制动。当电动机转速 $n \approx 0$ 时，KS 复位→KM2 断电，制动结束。

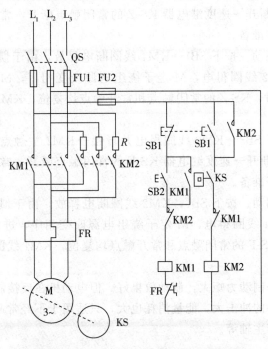

图 2-97　电动机单向运行反接制动控制线路

显然，速度继电器 KS 在控制中起着十分重要的作用，利用它来"判断"电动机的停与转。在结构上，速度继电器与电动机同轴连接，其常开触点串联在电动机控制电路中。当电动机转动时，速度继电器的常开触点闭合；电动机停止时，其常开触点打开。

（2）可逆运行反接制动控制线路。电动机可逆运行的反接制动控制线路如图 2-98 所示。

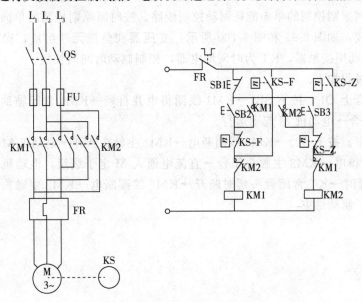

图 2-98　电动机可逆运行的反接制动控制线路

线路工作过程如下。

①正向起动。按下 SB2→KM1 线圈得电并自锁→KM1 主触点闭合→M 正向起动运行；→KM1 互锁触点断开→速度继电器 KS-Z 的常闭触点断开，常开触点闭合，为 KM2 线圈参加反接制动作好准备。

②正向运行时的制动。按下 SB1→KM1 线圈断电释放，由于惯性，M 仍转动，KS-Z 常开触点仍闭合，KM2 线圈得电，M 定子绕组电源改变相序，M 进入正向反接制动状态，当 M 转速 $n \approx 0$ 时，KS-Z 的常闭触点和常开触点均复位，KM2 线圈断电，正向反接制动结束。

③反向起动。按下 SB3→KM2 线圈得电并自锁→KM2 主触点闭合→M 反向起动运行；→KM2 互锁触点断开→速度继电器 KS-F 的常闭触点断开，常开触点闭合，为 KM1 线圈参加反接制动作好准备。

④反向运行时的制动。按下 SB1，KM2 线圈断电释放，由于惯性，M 仍转动，KS-F 常开触点仍闭合，KM1 线圈得电，M 定子绕组电源改变相序，进入反向反接制动状态，当 M 转速 $n \approx 0$ 时，KS-F 的常闭触点和常开触点均复位，KM1 线圈断电，反向反接制动结束。

反接制动的优点是制动力矩大，制动效果好。但电动机在反接制动时旋转磁场的相对速度很大，对传动部件的冲击大，能量消耗也大，只适用于不经常起动、制动的设备，如铣床、镗床、中型车床主轴等。

2. 能耗制动

能耗制动是在运行中的三相异步电动机停车时，在切除三相交流电源的同时，将一直流电源接入电动机定子绕组中的任意两相，以获得大小和方向不变的恒定磁场，从而产生一个与电动机原转矩方向相反的电磁转矩以实现制动。当电动机转速下降到零时，再切除直流电源。根据制动控制的原则，有时间继电器控制与速度继电器控制两种形式。

(1) 按时间原则控制的单向能耗制动控制线路。按时间原则控制的单向能耗制动控制线路和电路接线，如图 2-99 和图 2-100 所示，变压器和整流元件组成，提供制动用直流电。KM2 为制动用接触器，KT 为时间继电器，控制制动时间的长短。

线路工作过程如下。

①起动。合上 QF，按下 SB1→KM1 线圈得电并自锁→KM1 常闭辅助触头断开；→KM1 主触头闭合→电动机 M 起动运行。

②制动停车。按下 SB2→KM1 线圈断电→KM1 主触头断开→电动机 M 断电，惯性运转→KM2 线圈得电→KM2 主触头闭合→直流电通入 M 定子绕组，电动机能耗制动；→KT 线圈得电延时→KT 常闭触头延时断开→KM2 线圈断电→KM2 主触头断开，切断电动机直流电源，制动结束。

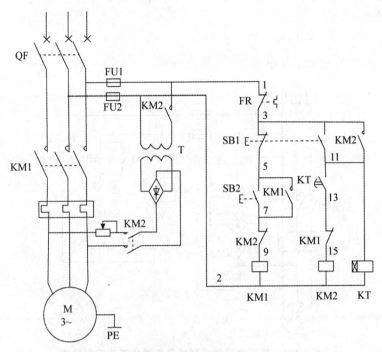

图 2-99　按时间原则控制的单向能耗制动控制线路

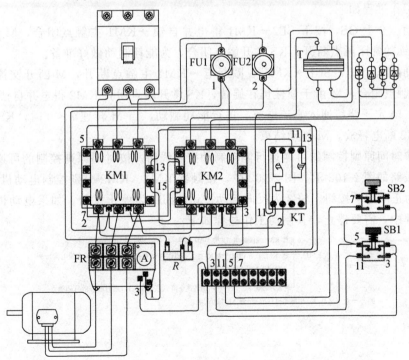

图 2-100　按时间原则控制的单向能耗制动控制线路电路接线图

（2）按速度原则控制的单向能耗制动控制线路。按速度原则控制的单向能耗制动控制
线路如图 2-101 示。该线路与图 2-99 的控制线路基本相同，只不过是用速度继电器 KS 取
代了时间继电器 KT。KS 安装在电动机轴的伸出端，其常开触点取代时间继电器 KT 延时

断开的常闭触点。

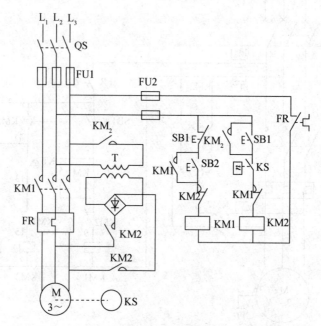

图 2-101 按速度原则控制的单向能耗制动控制线路

线路工作过程如下。

①起动。合上 QS，按下 SB2→KM1 得电并自锁→KM1 主触点闭合，M 起动运行；→KM1 互锁的常闭触点断开，KS 常开触点闭合，为能耗制动做好准备。

②制动停车。按下 SB1→KM1 线圈断电→KM1 主触点断开，M 断开交流电源；→KM1 互锁触点闭合，M 由于惯性仍在旋转，KS 常开触点闭合 KM2 得电并自锁，KM2 主触点闭合，M 定子绕组通入直流电流，进行能耗制动，当 M 转速 $n \approx 0$ 时，KS 常开触点复位，KM2 断电释放，M 制动结束。

（3）按时间原则控制的可逆运行能耗制动控制线路。按时间原则控制的可逆运行能耗制动控制线路如图 2-102 示。图 2-102 中，接触器 KM1、KM2 分别控制电动机 M 的正反转。SB2 为正向起动按钮，SB3 为反向起动按钮，SB1 为停止按钮。如果电动机正处于正向运行过程中，需要停止，其制动工作过程如下：

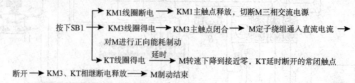

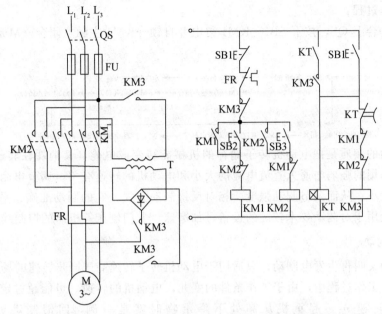

图 2-102　按时间原则控制的可逆运行能耗制动控制线路

电动机处于反向运行过程时的能耗制动过程与正向运行时类同，请读者自行分析。

如果用速度继电器取代图 2-101 的时间继电器 KT，只需对控制电路稍做改动，就可设计出一个按速度原则控制的可逆能耗制动控制线路，读者不妨一试。

（4）无变压器单相半波整流控制线路。前面介绍的几种能耗制动控制线路均需要变压器降压、全波整流，对于较大功率的电动机甚至还要采用三相整流电路，所需设备多，投资成本高。但是，对 10 KW 以下的电动机，如果制动要求不高，可采用无变压器单相半波整流控制线路，如图 2-103 示。

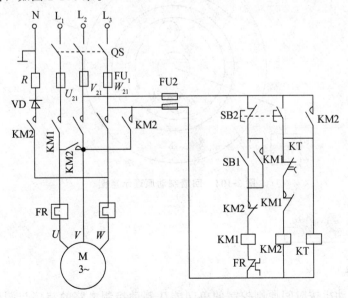

图 2-103　无变压器单相半波整流控制线路

线路工作过程：

①起动。合上 QS，按下 SB1→KM1 得电并自锁→KM1 主触点闭合→M 起动运行。

②停止。

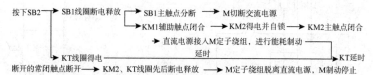

能耗制动的实质是把电动机转子储存的机械能转变成电能，又消耗在转子的制动上。显然，制动作用的强弱与通人直流电流的大小和电动机的转速有关。调节电阻 R，可调节制动电流的大小，从而调节制动强度。相对反接制动方式，它的制动准确、平稳，能量消耗较小，一般用于对制动要术较高的设备，如磨床、龙门刨床等机床的控制线路中。

3. 回馈制动

回馈制动又叫再生发电制动，只适用于电动机转子转速高于同步转速的场合。

在电动机工作过程中，由于工作条件的变儿，电动机的转速。可能超过定子绕组旋转磁场的同步转速 n_1，起重机从高处下降重物时就是一例，回馈制动原理示意图如图 2-104 示。

与定子的旋转磁场的旋转方向相同，且转子转速比旋转磁场的转速高，即 $n > n_1$。这时，转子绕组切割旋转磁场，产生的感应电流的方向与原来电动机状态相反，则电磁转矩方向也与转子旋转方向相反，电磁转矩变为制动转矩，使重物不致下降太快。这种制动方式能把电动机储存的能量（此处包含重物的势能）转换为电能反馈给电网，所以经济效果好，不足之处是应用范围较窄。

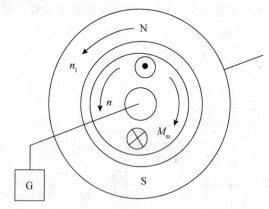

图 2-104　回馈制动原理示意图

1. 任务内容

三相异步电动机按时间原则控制的单向能耗制动控制电路的装接与调试。（可根据实训室具体情况安排多个任务）

2. 任务要求

三相异步电动机制动控制线路装接与调试的任务要求如下。

（1）按照工艺规程安装电气元件。

（2）按照工艺要求对控制电路接线。

（3）能正确对控制电路通电试车。

3. 设备工具

三相异步电动机制动控制线路装接与调试的设备工具主要有以下几点。

（1）电机控制实训台（含网孔板、低压电气元件）：1 套。

（2）三相异步电动机：1 台。

（3）万用表、钳形电流表、兆欧表：各 1 块。

（4）电工工具：1 套。

（5）导线、U 形线鼻、针形线鼻、套管、线槽、扎带等。

4. 实施步骤

三相异步电动机制动控制线路装接与调试的实施步骤如下。

（1）正确选用电气元件、导线、线鼻等器材。

（2）对电气元件进行检查，确定外观无损伤，触点分合正常，附件齐全完好。

（3）绘制三相异步电动机能耗制动控制电路元件布置图。

（4）按照元件布置图在网孔板上安装电气元件和线槽，使各元器件间距合理，紧固程度适当，位置便于手动操作。

（5）绘制三相异步电动机能耗制动控制电路安装接线图。

（6）按照安装接线图进行配线。要求主电路、控制电路区分清晰，布线横平竖直，连接牢靠，线号正确，整体走线合理美观。

（7）对电动机的质量进行常规检查后，安装电动机，可靠连接电动机和各电器元件金属外壳的接地线。

（8）连接电源、电动机等网孔板外部的导线。

（9）根据电气原理图和安装接线图，认真检查装接完毕的控制电路，核对接线是否正确，连接点是否符合工艺要求，以防止造成电路不能正常工作和短路事故。

（10）经过指导教师许可后，通电试车。通电时指导教师必须在现场监护。

（11）通电时，注意三相电源是否正常；按下起动按钮后，观察接触器等元件工作是否正常、动作是否灵活；观察电动机运行是否正常，有无噪声过大等异常现象；检查电路工作是否满足功能要求；如果出现故障，学生应独立检查，带电检查时，指导教师必须在现场监护；故障排除后，经指导教师同意可再次通电试车，故障原因及排除记录到任务报告中。

5. 考核标准

三相异步电动机能耗制动控制电路装接与调试考核标准如表 2-9 所示。

表 2-9　三相异步电动机能耗制动控制电路装接与调试考核标准

项目内容	分数	扣分标准	得分
元器件安装	0	（1）不按元件布置图安装，扣 10 分； （2）元器件松动、不整齐，每处扣 5 分； （3）损坏元器件，每个扣 10 分	
控制电路布线	0	（1）不按电气原理图布线，扣 30 分； （2）出现交叉线、架空线、缠绕线、叠压线，每处扣 5 分； （3）走线不整齐、不进线槽，每处扣 5 分； （4）接线端压绝缘层、反圈、露铜过长，每处扣 5 分； （5）接线端子上连接导线超过两根，每处扣 5 分； （6）接线端连接不牢靠，每处扣 5 分； （7）损伤线芯和导线绝缘，每处扣 5 分； （8）网孔板的进出线未经端子排转接，每处扣 5 分； （9）线鼻、线号错误，每处扣 5 分； （10）整体走线不合理、不美观，酌情扣分	
通电试车	0	（1）第一次通电试车不成功，扣 20 分； （2）第二次通电试车不成功，扣 30 分； （3）第三次通电试车不成功，扣 40 分	
安全操作	0	（1）不遵守实训室规章制度，扣 10 分； （2）未经允许擅自通电，扣 10 分	
合计			

任务 2.5　三相异步电动机变速控制线路装接与调试

三相异步电动机的调速方法主要有：改变定子绕组联结方式的变极调速、改变转子电路中串联电阻调速、变频调速和串级调速等。本任务主要介绍鼠笼式三相异步电动机改变磁极对数的调速方法、绕线转子电动机转子串电阻调速方法，以及近年来发展较快的电磁调速异步电动机的调速方法。

掌握三相异步电动机变速控制电路的基本工作原理及设计方法；能选择合适性能的低压电气元件对三相异步电动机变速控制电路进行装配、接线、调试与检修。

2.5.1 变极调速控制

在一些机床中，为了获得较宽的调速范围，采用了双速电动机，如 T68 型卧式镗床的主轴电动机，在某些车床、铣床、磨床中也有应用。也有的机床采用三速、四速电动机，以获取更宽的调速范围，其原理和控制方法基本相同。这里以双速异步电动机为例进行分析。

1. 双速异步电动机定子绕组的联结

双速异步电动机三相定子绕组 Δ/YY 联结，图 2-105（a）为三角形（△）接法，图 2-105（b）为双星形（YY）接法，它们是通过改变定子绕组的接线方式，从而改变磁极对数来实现调速的，故称为变极调速。

在图 2-105（a）中，出线端 U_1、V_1、W_1 接电源，U_2、V_2、W_2 端子悬空，绕组为三角形接法，每相绕组中两个线圈串联，成四个极，磁极对数 $p=2$，其同步转速，$n=60f/p=60\times50/2=1\,500$ r/min，电动机为低速；在图 2-105（b）中，出线端 U_1、V_1、W_1 短接，而 U_2、V_2、W_2 接电源，绕组为双星形联结，每相绕组中两个线圈并联，成两个极，磁极对数 $p=1$，同步转速，$r=3\,000$ r/min，电动机为高速。可见，双速电动机高速运转时的转速是低速运转时的两倍。

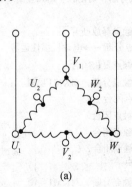
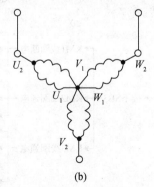

(a)　　　　　　　　　　(b)

图 2-105 双速异步电动机三相定子绕组 Δ/YY 接线图

（a）△接法；（b）YY 接法

2. 用按钮控制的双速电动机高、低速控制线路

用按钮控制的双速电动机高、低速控制线路，如图 2-106 所示。其控制电路主要由两个复合按钮和三个接触器组成。SB2 为低速起动按钮，SB3 为高速起动按钮。在主电路中，电动机绕组接成三角形，从三个顶角处引出 U_1、V_1、W_1 与接触器 KM1 主触点连接；在三相绕组各自的中间抽头引出 U_2、V_2、W_2 与接触器 KM2 的主触点连接；在 U_1、V_1、W_1 三者之间又与接触器 KM2 主触点连接。它们的控制电路由复合按钮 SB2、SB3 和接触器 KM1、KM2 的辅助常闭触点实现复合电气连锁。

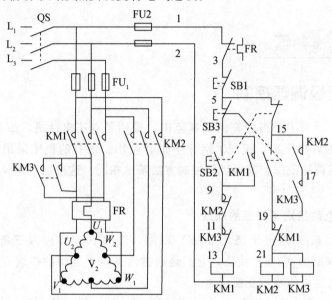

图 2-106　用按钮控制的双速电动机高、低速控制线路

线路工作过程：

（1）低速运转。

（2）高速运转。

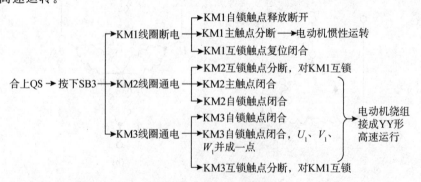

3. 用时间继电器控制的双速电动机高、低速控制线路

用时间继电器控制的双速电动机高、低速控制线路，如图 2-107 所示。

图 2-107 中用了三个接触器控制电动机定子绕组的联结方式。当接触器 KM1 的主触点闭合，KM2、KM3 的主触点断开时，电动机定子绕组为三角形接法，对应"低速"挡；

当接触器 KM1 主触点断开，KM2、KM3 主触点闭合时，电动机定子绕组为双星形接法，对应"高速"挡。为了避免"高速"挡起动电流对电网的冲击，本线路在"高速"挡时，先以"低速"起动，待起动电流过去后，再自动切换到"高速"运行。

SA 是具有三个挡位的转换开关。当扳到中间位置时，为"停止"位，电动机不工作；当扳到"低速"挡位时，接触器 KM1 线圈得电动作，其主触点闭合，电动机定子绕组的三个出线端 U_1、V_1、W_1 与电源相接，定子绕组接成三角形，低速运转；当扳到"高速"挡位时，时间继电器 KT 线圈首先得电动作，其瞬动常开触点闭合，接触器 KM1 线圈得电动作，电动机定子绕组接成三角形低速起动。经过延时，KT 延时断开的常闭触点断开，KM1 线圈断电释放，KT 延时闭合的常开触点闭合，接触器 KM2 线圈得电动作。紧接着，KM3 线圈也得电动作，电动机定子绕组被 KM2、KM3 的主触点换接成双星形，以高速运行。

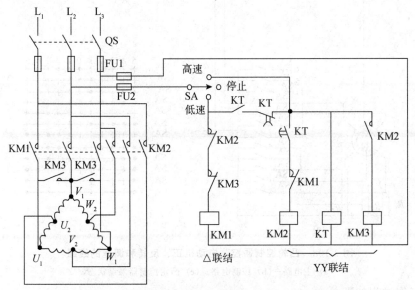

图 2-107　用时间继电器控制的双速电动机高、低速控制线路

2.5.2　变更转子外串电阻的调速控制

绕线转子电动机可采用转子串电阻的方法调速。随着转子所串电阻的减小，电动机的转速升高，转差率减小。改变外串电阻阻值，使电动机工作在不同的人为特性上，可获得不同的转速，实现调速的目的。

绕线转子电动机广泛用于起重机、吊车一类生产机械上，通常采用凸轮控制器进行调速控制。图 2-108 是采用凸轮控制器控制电动机正、反转和调速的线路。

在电动机 M 的转子电路中，串接了三相不对称电阻，在起动和调速时，由凸轮控制器的触点进行控制。定子电路电源的相序也是由凸轮控制器进行控制的。

该凸轮控制器的触点状态，如图 2-108（c）所示。其中列上的虚线表示"正""反"的 5 个挡位和中间"0"位，每一根行线对应凸轮控制器的一个触点。黑点表示该位置触点接通，没有黑点则表示不通。触点 $SA_{1-1} \sim SA_{1-5}$ 与转子电路串接的电阻相连接，用于短接电阻，控制电动机的起动和调速。

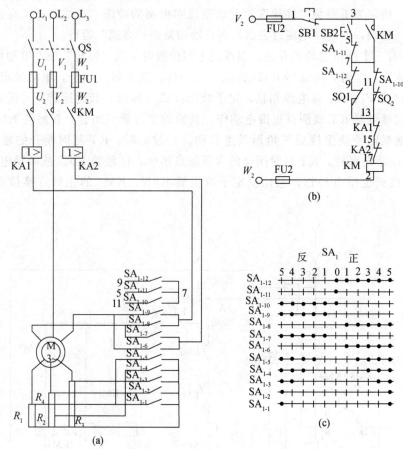

图 2-108　凸轮控制器控制电动机正、反转和调速的线路
（a）主电路；（b）控制电路；（c）凸轮控制器触点状态

线路工作过程如下。

（1）将 SA1 手柄置"0"位，SA_{1-10}、SA_{1-11}、SA_{1-12} 三对触头接通。合上电源开关 QS。

（2）按 SB2→KM 线圈得电并自锁→KM 主触头闭合→将凸轮控制器手柄扳到正向"1"位触头 SA_{1-12}、SA_{1-8}、SA_{1-6} 闭合→M 定子接通电源，转子串入全部电阻（$R_1+R_2+R_3+R_4$）正向低速起动→将 SA1 手柄扳到正向"2"位→SA_{1-12}、SA_{1-8}、SA_{1-6}、SA_{1-5} 四对触头闭合切除电阻 R_1，M 转速上升→当 SA1 手柄从正向"2"位依次转向"3""4""5"位时，触头 SA_{1-4}～SA_{1-1} 先后闭合，R_2、R_3、R_4 被依次切除，M 转速逐步升高至额定转速运行。

（3）将 SA1 手柄由"0"位扳到反向"1"位，触头 SA_{1-10}、SA_{1-9}、SA_{1-7} 闭合，M 因电源相序改变而反向起动；将手柄从"1"位依次扳向"5"位，M 转子所串电阻被依次切除，M 转速逐步升高，其过程与正转相同。

限位开关 SQ1、SQ2 分别与凸轮控制器触点 SA_{1-10}、SA_{1-9}、SA_{1-7} 串接，在电动机正、反转过程中，对运动机构进行终端位置保护。

2.5.3　电磁调速控制

变极调速不能实现连续平滑调速，只能得到几种特定的转速。但在很多机械中，要求转速能够连续无级调节，并且有较大的调速范围。这里对目前应用较多的电磁转差离合器调速系统进行分析。

1. 电磁转差离合器的结构卫工作原理

电磁转差离合器调速系统是在普通鼠笼式异步电动机轴上安装一个电磁转差离合器，由晶闸管（又名可控硅）控制装置控制离合器绕组的励磁电流来实现调速的。异步电动机本身并不调速，调节的是离合器的输出转速。电磁转差离合器（又称滑差离合器）的基本作用原理就是基于电磁感应原理，实质上就是一台感应电动机，其结构及工作原理如图 2-109 所示。

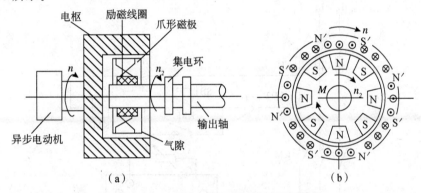

图 2-109　电磁转差离合器结构及工作原理

(a) 结构；(b) 原理示意图

图 2-109（a）为电磁转差离合器的结构图，它由电枢和磁极两个旋转部分组成。电枢用铸钢材料制成圆筒形，相当无数多根鼠笼条并联，直接与异步电动机相连接，一起转动或停止。磁极是用铁磁材料制成的铁芯，装有励磁线圈，成爪形磁极。爪形磁极的轴（即输出轴）与被拖动的工作机械（负载）相连接，励磁线圈经集电环通入直流电来励磁。离合器的主动部分（电枢）与从动部分（磁极）之间无机械联系。

当异步电动机运行时，离合器电枢随异步电动机轴同速旋转，转速为 n，转向设为顺时针方向。若励磁绕组通入的励磁电流 $I_L=0$，则电枢与磁极之间既无电联系也无磁联系，磁极不转动，相当于负载被"离开"；若励磁电流 $I_L \neq 0$，磁极产生磁场，与电枢之间有了磁联系。由于电枢与磁极之间有相对运动，在电枢鼠笼导条中产生感应电动势和感应电流。根据右手定则，对着磁极 N 极的电枢导条电流流出纸面，对着 S 极的则流入纸面。这些电枢导条中的感应电流又形成新的磁场，根据右手螺旋定则可判定其极性，如图 2-109（b）中的 N、S。这种电枢上的磁极与爪形磁极 N、S 相互作用，使爪形磁极受到与电枢转速 n 同方向的作用力，进而形成与转速。同方向的电磁转矩 M，使爪形磁极与电枢同方向旋转，转速为 n_2 相当于负载被"合上"。爪形磁极的转速 n_2 必然小于电枢转速 n，因为只有它们之间存在转速差才能产生感应电流和转矩，故称为电磁转差离合器。又因为它的作用原理与异步电动机相似，所以又常将它及与其相连的异步电动机一起称作"滑差电动机"。

转差离合器从动部分的转速与励磁电流强弱有关。励磁电流越大，建立的磁场越强，在一定的转差下产生的转矩越大，输出转矩越高。因此，调节转差离合器的励磁电流，就可调节转差离合器的输出转速。由于输出轴的转向与电枢转向一致，要改变输出轴的转向，必须改变异步电动机的转向。

电磁转差离合器调速系统的优点是结构简单、维护方便、运行可靠、能平滑调速，采用闭环系统可扩大调速范围；缺点是调速效率低，在低速时尤为突出，不宜长期低速运行，且控制功率小。由于其机械特性较软，不能直接用于速度要求比较稳定的工作机械上，必须在系统中接入速度负反馈，使转速保持稳定。

2. 电磁调速异步电动机的控制

电磁调速异步电动机的控制线路如图 2-110 所示。VC 为晶闸管控制器，其作用是将单相交流电变换成可调直流电，供转差离合器调节输出转速。

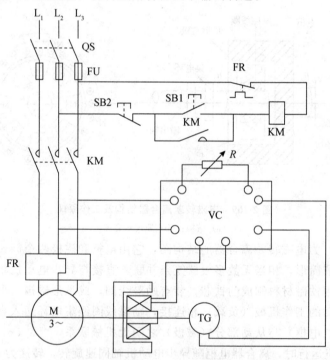

图 2-110　电磁调速异步电动机的控制线路

线路工作原理如下：按下起动按钮 SB1，接触器 KM 线圈得电并自锁，主触点闭合，电动机 M 运转。同时接通晶闸管控制器 VC 电源，VC 向电磁转差离合器爪形磁极的励磁线圈提供励磁电流，由于离合器电枢与电动机 M 同轴连接，爪形磁极随电动机同向转动，调节电位器 R，可改变转差离合器磁极的转速，从而调节拖动负载的转速。测速发电机 TG 与磁极连接，将输出转速的速度信号反馈到控制装置 VC，起速度负反馈作用，稳定转差离合器输出转速。

SB2 为停车按钮。按下 SB2，KM 线圈断电，电动机 M 和电磁转差离合器同时断电停止。

1. 任务内容

三相异步双速电动机高低速控制电路的装接与调试。（可根据实训室具体情况安排多个任务）

2. 任务要求

三相异步电动机变速控制线路装接与调试的任务要求如下。

（1）按照工艺规程安装电气元件。

（2）按照工艺要求对控制电路接线。

（3）能正确对控制电路通电试车。

3. 设备工具

三相异步电动机变速控制线路装接与调试的设备工具主要有以下几个。

（1）电机控制实训台（含网孔板、低压电气元件）：1 套。

（2）三相异步双速电动机：1 台。

（3）万用表、钳形电流表、兆欧表：各 1 块。

（4）电工工具：1 套。

（5）导线、U 形线鼻、针形线鼻、套管、线槽、扎带等。

4. 实施步骤

三相异步电动机变速控制线路装接与调试的实施步骤如下。

（1）正确选用电气元件、导线、线鼻等器材。

（2）对电气元件进行检查，确定外观无损伤，触点分合正常，附件齐全完好。

（3）绘制三相异步双速电动机高低速控制电路元件布置图。

（4）按照元件布置图在网孔板上安装电气元件和线槽，使各元器件间距合理，紧固程度适当，位置便于手动操作。

（5）绘制三相异步双速电动机高低速控制电路安装接线图。

（6）按照安装接线图进行配线。要求主电路、控制电路区分清晰，布线横平竖直，连接牢靠，线号正确，整体走线合理美观。

（7）对电动机的质量进行常规检查后，安装电动机，可靠连接电动机和各电气元件金属外壳的接地线。

（8）连接电源、电动机等网孔板外部的导线。

（9）根据电气原理图和安装接线图，认真检查装接完毕的控制电路，核对接线是否正确，连接点是否符合工艺要求，以防止造成电路不能正常工作和短路事故。

（10）经过指导教师许可后，通电试车。通电时指导教师必须在现场监护。

（11）通电时，注意三相电源是否正常；按下起动按钮后，观察接触器等元件工作是否正常、动作是否灵活；观察电动机运行是否正常，有无噪声过大等异常现象；检查电路工作是否满足功能要求；如果出现故障，学生应独立检查，带电检查时，指导教师必须在现场监护；故障排除后，经指导教师同意可再次通电试车，故障原因及排除记录到任务报告中。

5. 考核标准

三相异步双速电动机高低速控制电路装接与调试考核标准如表 2-10 所示。

表 2-10　三相异步双速电动机高低速控制电路装接与调试考核标准

项目内容	分数	扣分标准	得分
元器件安装	10	(1) 不按元件布置图安装，扣 10 分； (2) 元器件松动、不整齐，每处扣 5 份； (3) 损坏元器件，每个扣 10 分	
控制电路布线	40	(1) 不按电气原理图布线，扣 30 分； (2) 出现交叉线、架空线、缠绕线、叠压线，每处扣 5 分； (3) 走线不整齐、不进线槽，每处扣 5 分； (4) 接线端压绝缘层、反圈、露铜过长，每处扣 5 分； (5) 接线端子上连接导线超过两根，每处扣 5 分； (6) 接线端连接不牢靠，每处扣 5 分； (7) 损伤线芯和导线绝缘，每处扣 5 分； (8) 网孔板的进出线未经端子排转接，每处扣 5 分； (9) 线鼻、线号错误，每处扣 5 分； (10) 整体走线不合理、不美观，酌情扣分	
通电试车	40	(1) 第一次通电试车不成功，扣 20 分； (2) 第二次通电试车不成功，扣 30 分； (3) 第三次通电试车不成功，扣 40 分	
安全操作	10	(1) 不遵守实训室规章制度，扣 10 分； (2) 未经允许擅自通电，扣 10 分	
合计			

任务 2.6　电气控制系统的保护环节与常见故障的检修

任务描述

　　为了确保设备长期、安全、可靠无故障地运行，机床电气控制系统都必须有保护环节，用以保护电动机、电网、电气控制设备及人身的安全。电气控制系统中常用的保护环节有短路保护、过载保护、零压和欠压保护以及弱磁保护等。

电气控制系统在运行过程中，往往会受到来自各方面因素的影响，造成电气控制系统不能正常工作，甚至会造成重大的事故。这就要求电气工作者，必须掌握机床电气控制线路中的常见故障及检修方法，做到准确发现及时排除。

　　掌握三相异步电动机正反转控制电路的基本工作原理及设计方法；能选择合适性能的低压电气元件对三相异步电动机正反转控制电路进行装配、接线、调试与检修。

2.6.1　电气控制系统的保护环节

1. 常见的保护环节

常见的保护环节有以下几个。

　　(1) 短路保护。电动机绕组或导线的绝缘损坏，或者线路发生故障时，都可能造成短路事故。短路时，若不迅速切断电源，会产生很大的短路电流和电动力，使电气设备损坏。常用的短路保护元件有熔断器 FU 和自动开关 QF。

　　在短路时，熔断器由于熔体熔断而切断电路起保护作用；自动开关在电路出现短路故障时自动跳闸，起保护作用。

　　(2) 过载保护。三相异步电动机的负载突然增加、断相运行或电网电压降低都会引起过载。电动机长期超载运行，其绕组温升将超过允许值，会造成绝缘材料变脆、变硬、减少寿命，甚至造成电动机损坏，因此要进行过载保护。常用的过载保护元件是热继电器 FR 和自动开关 QF。

　　由于热继电器的热惯性较大，不会受电动机短时过载冲击电源或短路电流的影响而瞬时动作，热继电器具有过载保护作用而不具有的短路保护作用。选择时注意，作为短路保护，熔断器熔体的额定电流一般不应超过热继电器发热元件额定电流的四倍。

　　(3) 过电流保护。过大的负载转矩或不正确的起动方法会引起电动机的过电流故障。过电流一般比短路电流要小，产生过电流比发生短路的可能性更大，尤其是在频繁正反转起动、制动的重复短时工作中更是如此。过电流保护主要应用于直流电动机或绕线式异步电动机。对于三相笼式异步电动机，由于其短时过电流不会产生严重后果，故可不设置过电流保护。过电流继电器同时也起着短路保护的作用，一般过电流的动作值为起动电流的 1.2 倍。过电流保护元件是过电流继电器，通常采用过电流继电器 KI 和接触器 KM 配合使用。

　　将过电流继电器线圈串接于被保护的主电路中，其常闭触点串接于接触器控制电路中。当电流达到整定值时，过电流继电器动作，其常闭触点断开，切断控制电路电源，接触器断开电动机的电源而起到保护作用。

　　(4) 零电压保护。零电压保护是为防止电网失电后恢复供电时电动机自行起动而实行的保护。当电动机正在运行时,如果电源电压因某种原因消失,那么在电源电压恢复时,必须防止电动机自行起动。否则,将可能造成生产设备的损坏,甚至发生人身事故。而对电网来说,若同时有许多电动机自行起动,则会引起过电流,也会使电网电压瞬间下降,因此要进行零电压保护。

(5)欠电压保护。欠电压保护是为防止电源电压降到允许值以下造成电动机损坏而实行的保护。当电动机正常运转时,如果电源电压过分地降低,将引起一些电器释放,造成控制线路工作不正常,可能产生事故。对电动机来说,如果电源电压过低,而负载不变时,会造成电动机绕组电流增大,使电动机发热甚至烧坏,还会引起转速下降甚至停转,因此要进行欠电压保护。

一般通过接触器 KM 的自锁环节来实现电动机的零电压、欠电压保护,也可用自动开关 QF 来进行保护。

2. 电动机多保护控制电路

(1)电动机多保护控制电路原理。电动机多保护控制电路原理图如图 2-111 所示。

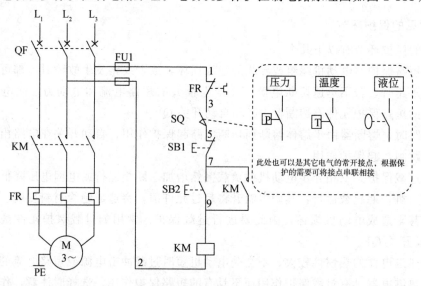

图 2-111 电动机多保护控制电路原理图

电动机多保护起动电路是外围辅助设备必须达到工作要求时电动机才可以起动的电路,如图 2-111 中的 SQ 是一个限位开关起到位置保护作用,辅助设备未达到位置要求,电动机不能起动。根据工作需要,也可以是压力、温度、液位等多种控制,当需要多种保护时可将各种辅助保护设备的常开接点串接起来即可。

电动机多保护起动电路的起动过程是,合上 QF 开关电路得电,但这时 SB2 起动按钮不起作用,因为辅助保护的 SQ 常开接点未闭合,只有当辅助设备达到位置要求时,SQ 常开接点闭合,SB2 按钮在起作用。如果在运行当中辅助设备的位置发生了变化 SQ 接点立即断开,KM 接触器线圈断电释放,KM 接触器主触点断开电动机停止运行。从而达到保护的目的。

(2)电动机多保护控制电路接线示意图如图 2-112 所示。

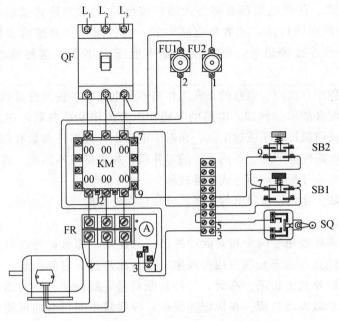

图 2-112　电动机多保护控制电路接线示意图

2.6.2　电气控制系统常见故障及原因

电气控制系统的电路故障是指在一个电路内除了电源和元器件本身故障以外的使电路不能正常工作的其他一切故障。所以，电路故障也是整体方面的故障，包括接线方式、电接触、电路参数配合等方面。按照电气装置的构成特点，从查找电气故障的观点出发，常见的电气故障可分为以下三类。

1. 电源故障

电源故障主要包括缺电源、电压、频率偏差、极性接反、相线和中性线接反、缺一相电源、相序改变、交直流混淆等。

2. 电路故障

电路故障主要包括断线、短路、短接，接地、接线错误等。

（1）断路故障。电路断路故障是指电路某一回路非正常断开，使电流不能在回路中流通的故障，如断线、接触不良等。

（2）短路和短接故障。电路中的不同电位的两点被导体短接起来，造成电路不能正常工作，称为短路故障，某些情况下也称为短接故障。

（3）接地故障。电路中的某点非正常接地所形成的故障，称为接地故障。接地故障有单相接地故障，两相或三相接地故障。对于中性点不接地的单相接地，将使三相对地电压发生严重变化，从而造成电气绝缘击穿的故障等。

（4）极性故障。直流电流有正极、负极。交流电路有同名端、异名端。在许多情况下，如果极性接反，同名端接错，将造成电气设备不能正常工作的电路故障，称为极性故障。

（5）连接故障。任何电路都是将各元器件按照一定的顺序连接起来的。在许多情况下，如果这种顺序被打乱，或者将电路中的一些控制元件漏接或多接，三相电路的星形连接和三角形连接接错等，都会使电路不能正常工作。这种故障称为电路连接故障。

（6）电路参数配合故障。电路的正常工作离不开电路中各种元件参数的匹配，否则就会造成电路参数配合故障。例如，电路中电感和电容的串联或并联，在某一频率下，电路发生谐振，形成谐振过电压或过电流。在电子电路中，元器件参数有误，将导致电路不能正常工作，或电路性能下降。不同元件的串并联，如果参数不匹配，将使各元件所承受的电压或各支路电流分配不均而造成电路故障。

（7）导线故障。导线是由导电的金属部分和包在外面的绝缘层组成。导线产生故障的原因有以下两种。

①断线。如果导线用于两个相对活动的部件的连接，那么，导线将会随着活动部件的移动而弯曲和伸直。由于金属有疲劳现象，当弯曲超过一定的次数，或小于一定的曲率半径，将会引起导线的折断。有时，这种折断只是导线内部芯线的断裂，而外部绝缘层完好，所以，难以发现故障。在固定连线中，导线从中间折断的可能性较小，也很少见。在实际应用中，活动部分的导线应尽量选择软导线，以防止导线的折断。发生断线的另外一个原因是霉断，这种情况一般发生在较细的导线中。例如，收音机中频变压器内的绕组或测量仪表表头内的线圈，由于漆包线很细，加上霉菌生长或铜的锈蚀，均会造成漆包线断线。粗导线很少会因此而断线。机械损伤也会造成导线断线。敷设导线前，如果导线受到外力损伤使某一处截面变小，则在通过大电流时，截面小的地方就会发热严重，甚至烧断导线。而外力的作用致使导线从中间裂断，比较直观，也比较容易维修。

②漏电。漏电是指导线已经绝缘不良，但并未完全损坏时所产生的漏电现象。常见的有外壳带电、绝缘指示不正常，当绝缘层磨破之后，两根线芯连接在一起，这就是短路。短路是较严重的故障，轻则使电气控制电路工作不正常，重则发生电源短路事故，甚至使整个系统瘫痪。

（8）导线连接部分的故障。导线与导线之间的连接以及导线与元器件之间的连接是最容易出问题的地方。由于导体表面不是绝对的光滑，因此两导体相接触时只是若干点的接触，电流流过时会产生束流现象，造成接触面上的接触电阻过大，发热较严重。接触部分常见的故障有松脱、发热、接触不良等。

①松脱。松脱常出现在工作环境比较恶劣的场所，如系统振动比较厉害，造成螺钉松动引起导线脱落。脱落的导线碰到别处，造成漏电、短路事故等。因此导线的连接必须牢固，特别在振动比较剧烈的场合，导线连接更要注意。螺钉连接时，应将导线弯成圆环套在螺钉上。

②发热。接触电阻较大是发热的主要原因，特别在大功率、大电流的场合，发热现象特别突出。发热严重时会造成金属氧化，甚至烧熔、冒火。一般的金属氧化后，生成氧化物的导电性能都较差，而银的氧化物的导电性能和银差不多，故在导电元件的连接中，银的使用量较多。如果采用的金属是铜或铝，那么在接触处发热时，会加速铜或铝的氧化，

而铜或铝的氧化，则意味着接触电阻的增加，即加剧了金属发热现象。这一恶性循环，是烧坏导线连接处的主要原因。导线发热常伴着金属的部分发热和绝缘的部分烧坏，通过观察即可容易地发现这种故障。要避免这种情况，必须从接触电阻入手，增加导线的接触面积是一种有效方法。增加导线的接触面积可以从以下几个方面入手：一是增加导线连接部分的长度；二是增加连接件的接触压力，使导线的连接从点接触变为面接触，如采用大螺栓、螺母进行连接等；三是采用焊接的方法，此方法是增加连接部分的导电性能，可在连接部分镀一层锡或在接触面上涂上导电硅脂等。一旦发生了连接处过热的情况，应采取积极的措施，以防止故障扩大。首先对氧化层进行清除，然后对烧蚀部分进行修复，最后再对照上述方法进行解决。如果螺钉被烧坏，不能拧动，可用煤油浸泡。必要时可更换连接件、导线或将导线头部剪除重剥，以杜绝发热现象的发生。

③接触不良。接触不良是指导体连接部分接触电阻过大或不稳定，使电路不能正常工作，或出现时好使坏的故障。产生接触不良故障的原因一般是连接处松动、发热、氧化、发霉等。为防止连接件出现接触不良的现象，除了要按国家规定安装操作，还需要定期检查，及时发现问题和解决问题。

3. 设备和元件故障

设备和元件故障主要包括过热烧毁、不能运行、电气击穿、性能变劣。在电气控制系统中，控制元器件种类较多。元器件不同，故障种类和故障现象也不同。一般有下面几种故障。

（1）元器件损坏。元器件损坏的原因是多方面的。有自身的质量问题，有外力的作用，也有工作条件超过极限等原因。元器件损坏后，往往能从外表看到变形、烧焦、冒烟、部分损坏等明显故障，有时伴有异味。当然也有的元器件损坏后，从外表上看与完好时一样，只有用仪表测试时才能发现问题。元器件损坏是比较常见的故障，它能造成系统功能异常，甚至使系统瘫痪。在检修过程中，采用一问、二看、三摸、四量、五换的原则，一般都能奏效。对于值得怀疑的元器件，首先观察其外表，如发现明显问题如变形、冒烟等，则说明该元器件已损坏，即使能够工作，也常常是下次故障的根源。然后，对可疑元件进行测量，可以在电路上进行，以判断其部分性能。这种测量可以在电路中进行，也可以在电气控制电路停止工作时进行，但要注意考虑其他电路对测量数据的影响。另一种方法是将被怀疑的元器件从电气电路中拆取出来，以排除其他电路对测量的影响，确切地测出元器件的性能。此外，也可以对被怀疑的元器件采用替代的方法，即用一个好的元器件替代被怀疑的元器件，这种方法在弄不清电路原理时比较有用，是一种不使用测量仪器的有效方法。

元件的损坏经常和其他部分故障有直接联系。例如，接触器触头烧坏，表明回路中有短路现象存在，对此必须追根究底加以排除，而不是简单的更换元件。元器件的故障的原因不排除，将会导致下一次故障的出现。

（2）元器件性能变差。同其他系统一样，元器件性能变差是一种软故障，也是一种难以查找的故障。这种故障又分以下两种。

①性能一直较差，例如自动恒速系统，系统的速度波动比原来大。

②性能时好时坏，有时候不能正常工作，但修理时却又没有问题了，怎么也查不出

故障所在。这种故障的出现，与元器件损坏的原因一样，如工作状况的变化、环境参量的改变以及其他故障连带引起等，都是元器件性能变差的原因。元件性能变差以后，经过一段时间的发展，会造成元器件的损坏，甚至影响到其他元器件的可靠性。因此这种故障出现后，必须加以处理，以避免造成更大的损失。这类故障的查找比较困难，通常是采用恶化工况的方法进行查找。例如，让电气控制系统工作于高温环境，或者工作于较潮湿环境，必要时可提高电源电压等。待故障出现后，动作要快，测量要细，判断要迅速，以免系统长时间工作于故障状况或极限状况而造成更大的损坏。其他方法如测温、听声、嗅味等，在检修中也常使用。综上所述，我们了解了电气控制电路的特点，当电路发生常见故障时，能够准确地查找其故障所在，从而排除故障，使系统能够正常稳定的运行。

根据故障现象分析故障原因，是查找电气故障的关键。分析的基础是电工基本理论，是对电气装置的构造、原理、性能的充分理解，是与故障实际的结合。某一电气故障产生的原因可能很多，重要的是在众多原因中找出最主要的原因，并运用方法去排除故障。例如，某三相笼式异步电动机出现了不能运转的故障，不论是什么情况，最集中的表现是电动机不能工作，但故障不一定是在电动机，而可能是电源故障，也可能是电路故障或者是设备和元件故障等。也就是说，同一种故障形式，故障的原因多种多样。在这些原因中，到底是哪个方面的原因使电动机不能运转，还要经过更深入、更详细的分析。再例如，如果电动机是第一次使用，就应从电源、电路、电动机和负载多方面进行检查分析；如果电动机是经修理后第一次使用，就应着手于电动机本身的检查分析；如果电动机运转一段时间突然不能运转，就应从电源及控制元件方面进行检查分析。经过以上过程，进而确定电动机故障的具体原因

2.6.3 故障检修的方法

电气故障的检修方法较多，常用的有电压测量法、电阻测量法和短接法等。

1. 电压测量法

电压测量法是指利用万用表测量机床电气线路上某两点间的电压值来判断故障点的范围或故障元件的方法。

（1）分阶测量法。电压的分阶测量法，如图 2-113 所示。

检查时，首先用万用表测量 1、7 两点间的电压，若电路正常应为 380 V。然后按住起动按钮 SB2 不放，同时将黑色表棒接到点 7 上，红色表棒按 6、5、4、3、2 标号依次向前移动，分别测量 7-6、7-5、7-4、7-3、7-2 各阶之间的电压，电路正常情况下，各阶的电压值均为 380 V。如测到 7-6 之间无电压，说明是断路故障，此时可将红色表棒向前移，当移至某点（如 2 点）时电压正常，说明点 2 以前的触头或接线有断路故障。一般是点 2 后第一个触点（即刚跨过的停止按钮 SB1 的触头）或连接线断路。

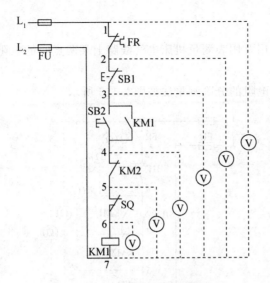

图 2-113　电压的分阶测量法

（2）分段测量法。电压的分段测量法，如图 2-114 所示。

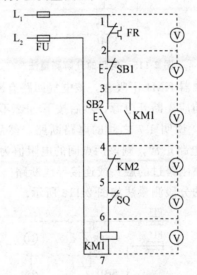

图 2-114　电压的分段测量法

先用万用表测量 1、7 两点，电压值为 380 V，说明电源电压正常。

电压的分段测试法是将红、黑两根表棒逐段测量相邻两标号点 1-2、2-3、3-4、4-5、2-6、2-7 间的电压。

如电路正常，按 SB2 后，除 2-7 两点间的电压等于 380 V 之外，其他任何相邻两点间的电压值均为零。

如按下起动按钮 SB2，接触器 KM1 不吸合，说明发生断路故障，此时可用电压表逐段测试各相邻两点间的电压。如测量到某相邻两点间的电压为 380 V 时，说明这两点间所包含的触点、连接导线接触不良或有断路故障。例如，标号 4-5 两点间的电压为 380 V，说明接触器 KM2 的常闭触点接触不良。

2. 电阻测量法

电阻测量法是指利用万用表测量机床电气线路上某两点间的电阻值来判断故障点的范围或故障元件的方法。

（1）分阶测量法。电阻的分阶测量法如图 2-115 所示。

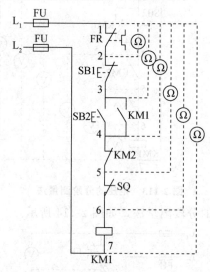

图 2-115 电阻的分阶测量法

按下起动按钮 SB2，接触器 KM1 不吸合，该电气回路有断路故障。

用万用表的电阻挡检测前应先断开电源，然后按下 SB2 不放松，先测量 1-7 两点间的电阻，如电阻值为无穷大，说明 1-7 之间的电路断路。然后分阶测量 1-2、1-3、1-4、1-5、1-6 各点间电阻值。若电路正常，则该两点间的电阻值为 "0"；当测量到某标号间的电阻值为无穷大，则说明表棒刚跨过的触头或连接导线断路。

（2）分段测量法。电阻的分段测量法如图 2-116 所示。

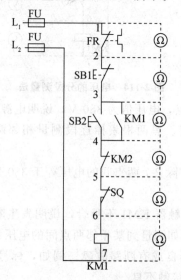

图 2-116 电阻的分段测量法

检查时，先切断电源，按下起动按钮 SB2，然后依次逐段测量相邻两标号点 1-2、2-3、3-4、4-5、2-6 间的电阻。如测得某两点间的电阻力无穷大，说明这两点间的触头或连接导线断路。例如，当测得 2-3 两点间电阻值为无穷大时，说明停止按钮 SB1 或连接 SB1 的导线断路。

（3）电阻测量法需要注意以下几点。

①用电阻测量法检查故障时一定要断开电源。

②如被测的电路与其他电路并联时，必须将该电路与其他电路断开，否则所测得的电阻值是不准确的。

③测量高电阻值的电气元件时，把万用表的选择开关旋转至适合电阻挡。

3. 短接法

指用导线将机床线路中两等电位点短接，以缩小故障范围，从而确定故障范围或故障点。

（1）局部短接法 。局部短接法如图 2-117 所示。

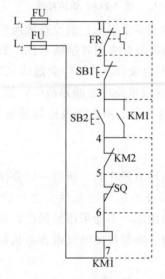

图 2-117　局部短接法

按下起动按钮 SB2 时，接触器 KM1 不吸合，说明该电路有故障。检查前先用万用表测量 1-7 两点间的电压值，若电压正常，可按下起动按钮 SB2 不放松，然后用一根绝缘良好的导线，分别短接标号相邻的两点，如短接 1-2、2-3、3-4、4-5、2-6。当短接到某两点时，接触器 KM1 吸合，说明断路故障就在这两点之间。

（2）长短接法。长短接法，如图 2-118 所示。

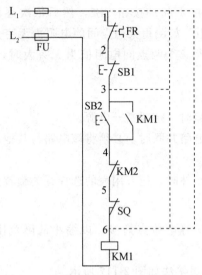

图 2-118　长短接法

长短接法是指一次短接两个或多个触头，来检查故障的方法。

当 FR 的常闭触头和 SB1 的常闭触头同时接触不良，如用上述局部短接法短接 1-2 点，按下起动按钮 SB2，KM1 仍然不会吸合，故可能会造成判断错误。而采用长短接法将 1-6 短接，如 KM1 吸合，说明 1-6 这段电路中有断路故障，然后再短接 1-3 和 3-6，若短接 1-3 时 KM1 吸合，则说明故障在 1-3 段范围内。再用局部短接法短接 1-2 和 2-3，能很快地排除电路的断路故障。

（3）短接法检查注意点。

①短接法是用手拿绝缘导线带电操作的，所以一定要注意安全，避免触电事故发生。

②短接法只适用于检查压降极小的导线和触头之类的断路故障。对于压降较大的电器，如电阻、线圈、绕组等断路故障，不能采用短接法，否则会出现短路故障。

③对于机床的某些要害部位，必须保障电气设备或机械部位不会出现事故的情况下才能使用短接法。

4. 电流测试法

电流测试法是通常测量线路中的电流是否符合正常值，以判断故障原因的一种方法。对弱电回路，常采用将电流表或万用表电流挡串接在电路中进行测量；对强电回路，常采用钳形电流表检测。

5. 仪器测试法

借助各种仪器仪表测量各种参数，如用示波器观察波形及参数的变化，以便分析故障的原因，多用于弱电线路中。

6. 常规检查法

依靠人的感觉器官（如有的电气设备在使用中有烧焦的糊味，打火、放电的现象等）并借助于一些简单的仪器（如万用表）来寻找故障原因。这种方法在维修中最常用，也是首先采用的。

7. 更换原配件法

即在怀疑某个器件或电路板有故障，但不能确定，且有代用件时，可替换试验，看故障是否消失，恢复正常。

8. 直接检查法

对在了解故障原因或根据经验，判断出现故障的位置，可以直接检查所怀疑的故障点。

9. 逐步排除法

如有短路故障出现时，可逐步切除部分线路以确定故障范围和故障点。

10. 调整参数法

有些情况，出现故障时，线路中元器件不一定坏，线路接触也良好，只是由于某些物理量调整得不合适或运行时间长了，有可能因外界因素致使系统参数发生改变或不能自动修正系统值，从而造成系统不能正常工作，这时应根据设备的具体情况进行调整。

11. 原理分析法

根据控制系统的组成原理图，通过追踪与故障相关联的信号，进行分析判断，找出故障点，并查出故障原因。使用本方法要求维修人员对整个系统和单元电路的工作原理有清楚的理解。

12. 比较、分析、判断法

它是根据系统的工作原理，控制环节的动作程序以及它们之间的逻辑关系，结合故障现象，进行比较、分析和判断，减少测量与检查环节，并迅速判断故障范围。

以上几种常用的方法，可以单独使用，也可以混合使用，碰到实际的电气故障应结合具体情况灵活应用。

电气故障现象是多种多样的，同一类故障可能有不同的故障现象，不同类故障可能是同种故障现象的同一性和多样性，会给查找故障带来复杂性。但是，故障现象是查找电气故障的基本依据，是查找电气故障的起点，因此要对故障现象仔细观察分析，找出故障现象中最主要的、最典型的方面，搞清故障发生的时间、地点、环境等。很多电气故障的排除，必须依靠专业理论知识才能真正弄懂弄通。电气维修人员与其他工种维修人员比较而言，理论性更强，有时候没有理论的指导很多工作根本无法进行，因此要具有一定的专业理论知识。维修人员为了更好地提高自己在实际工作中有效解决实际问题的能力和维修水平，应不断加强自身专业理论知识的学习和提高操作技能水平，当发生电气故障时，能够准确地查找其故障所在，从而排除故障使电气设备能够正常稳定地运行。

1. 任务内容

电气控制系统常见故障的检修。

2. 任务要求

电气控制系统的保护环节与常见故障的检修的任务要求如下。

(1) 带电操作检修时，必须有指导教师监护，确保人身、设备安全。

(2) 检修使用工具、仪表等应符合使用要求。

(3) 排除故障时，必须修复故障点，严禁扩大故障范围或产生新故障。

3. 设备工具

电气控制系统的保护环节与常见故障的检修的设备工具主要有以下几个。

(1) 维修电工实训柜：1 套。

(2) 万用表、钳形电流表、兆欧表：各 1 块。

(3) 电工工具：1 套。

(4) 导线、U 形线鼻、针形线鼻、套管、线槽、扎带等。

4. 实施步骤

指导教师在完好控制线路上人为设置 2~3 个电气故障点后，开始进行任务。电气控制系统的保护环节与常见故障的检修的实施步骤如下。

(1) 分析控制线路的电气原理图，对照电气元件布置图和电气接线图，检查所用元件、线路走向及导线连接。

(2) 通电查看故障现象。

(3) 根据故障现象判断故障范围。

(4) 选择合适的方法查找具体故障点。

(5) 排除故障。

(6) 通电试车，确认控制线路符合技术要求。

(7) 查找下一故障，直至任务完成。

(8) 多个故障相互影响时应综合分析判断，通电时指导教师必须在现场监护。

(9) 填写故障检修原因及排除记录到任务报告中。

5. 考核标准

电气控制系统常见故障的检修考核标准如表 2-11 所示。

表 2-11　电气控制系统常见故障的检修考核标准

项目内容	分数	扣分标准	得分
故障分析	40	(1) 判断故障范围过大，每处扣 10 分； (2) 判断故障范围错误，每处扣 15 分； (3) 故障分析思路不清楚，每处扣 20 分	
故障排除	60	(1) 不能排除故障，每处扣 30 分； (2) 扩大故障范围，每处扣 20 分； (3) 产生新的故障，每处扣 20 分； (4) 排除故障方法错误，每处扣 15 分	

（续表）

项目内容	分数	扣分标准	得分
安全操作	10	（1）不遵守实训室规章制度，扣 10 分 （2）未经允许擅自通电，扣 10 分 （3）人为损坏元器件，扣 10 分	
合计			

 项目小结

　　本项目学习了三相异步电动机全压起动、降压起动、正反转、调速和制动的基本控制线路原理和接线，介绍了电气控制线路常见故障及维修方法，学生通过自己动手装配相应的控制线路，并对控制线路中出现的故障进行排除，可以加深对三相异步电动机控制电路的理解，并能够训练对三相异步电动机控制电路的装配、检修、维护与故障排除的能力。为检修典型机床控制系统奠定基础。

思考与练习

　　1．什么叫电气原理图？
　　2．什么叫"自锁""互锁（联锁）"？举例说明各自的作用。
　　3．什么叫电气制动？
　　4．画出异步电动机星形-三角形起动的控制线路，并说明其优缺点及适用场合。
　　5．什么叫反接制动？什么叫能耗制动？各有什么特点及适应场合？
　　6．在电气系统分析中，主要涉及哪些技术资料和文件？并请简述它们的用途。
　　7．设计一个控制线路，要求第一台电动机起动 2 s 后，第二台电动机自行起动，运行 5 s 后，第一台电动机停止并同时使第三台电动机自行起动，再运行 15 s 后，电动机全部停止。
　　8．设计一小车运行的控制线路，小车由异步电动机拖动。其动作程序如下。
　　（1）小车由原位开始前进，到终点后自动停止。
　　（2）在终点停留 10 min，然后自动返回原位停止。
　　（3）要求能在前进或后退途中任意位置都能停止或起动。
　　9．电气故障有哪些？叙述常用的电路故障的检修方法。
　　10．电机常见的保护环节有哪些？

项目3　电动机 PLC 控制线路

（1）能够正确编写、调试电动机的控制电路的 PLC 程序；

（2）能根据故障现象分析故障原因，找出故障位置进行软件调整或硬件设置，完成控制线路排故。

（1）熟悉 PLC 的编程软元件，掌握 PLC 编程软件的常用功能和使用方法；

（2）熟悉 PLC 的基本指令、编程规则与典型程序块，弄清 PLC 编程的一般过程，掌握经验编程的方法；

（3）掌握步进指令、顺序功能图及顺序编程方法，理解数据处理类应用指令，熟悉功能指令的应用方法；

（4）领悟 PLC 编程思想，掌握 PLC 控制系统的一般调试和排故方法；

（5）清楚 PLC 系统开发过程，熟悉 PLC 在工程中的一般应用方法。

任务3.1　电动机起动、保持、停止 PLC 控制电路调试

在可编程序控制器问世以前，工业控制领域中是以继电器控制占主导地位的。对生产工艺多变的系统适应性差，一旦生产任务和工艺发生变化，就必须重新设计，并改变硬件结构。可编程序控制器具有可靠性高，抗干扰能力强、无触点控制；使用灵活，通用性强；编程方便，易于掌握；接口简单，维护方便；性价比高等明显的优点，从而在工业控

制中得到了广泛的应用。

掌握电动机起动、保持、停止 PLC 控制电路的 PLC 编程并调试；能对电动机起动、保持、停止 PLC 控制电路进行设计、接线、调试与检修。

3.1.1 可编程控制器简介

1968 年，美国通用汽车公司（GM 公司）提出要用一种新型的工业控制器取代继电器接触器控制装置，并要求把计算机控制的优点（功能完备，灵活性、通用性好）和继电器接触器控制的优点（简单易懂、使用方便、价格便宜）结合起来，设想将继电接触器控制的硬接线逻辑转变为计算机的软件逻辑编程，且要求编程简单、使得不熟悉计算机的人员也能很快掌握其使用技术，并提出了 10 项招标技术指标。其主要内容如下。

（1）编程简单方便，可在现场依赖性程序。

（2）硬件维护方便，采用插件式结构。

（3）可靠性高于继电器接触器控制装置。

（4）体积小于继电器接触器控制装置。

（5）可将数据直接送入计算机。

（6）用户程序存储器容量至少可以扩展到 4 KB。

（7）输入可直接用 115 V 交流电。

（8）输出为交流 2 A 以上，能直接驱动电磁阀、交流接触器等。

（9）通用性强，扩展方便。

（10）成本上可与继电器接触器控制系统竞争。

1969 年，美国数字设备公司（DEC 公司）研制出了第一台可编程控制器 PDP-14，在美国通用汽车公司的自动装配线上试用成功，并取得满意的效果，可编程控制器自此诞生。

1. PLC 的发展

PLC 的发展经历了下列四个阶段。

第一阶段是初创阶段。主要用于逻辑运算和定时、计数，它的控制功能比较简单。

第二阶段是扩展阶段。它的主要功能是逻辑运算，同时增加了模拟运算。

第三阶段 是 PLC 通信功能的实现阶段。产品有西门子的 SYMATIC S6 系列等。

第四阶段是 PLC 的开放阶段。通信协议的标准化使用户得到了好处。产品有 SYMATIC S5 和 S7 系列等。

第一、二代具有逻辑运算、定时计数、等简单功能；第三代速度提高、功能增强、可控制模拟量；第四代以 16 位 32 位、微处理器为核心、功能更强。PLC 的发展与其他高新技术的发展是分不开的，其发展的特征表现在下列几方面。

（1）功能的发展。PLC 从简单的逻辑运算功能，发展到数据传送、数据比较、数据运算，直到通信功能。

（2）适应控制要求。PLC 的发展是高新科学技术发展的产物，同时，也推动了其他科学技术的发展。

（3）适应工业环境的要求。PLC 与通用计算机的一个重要的区别就是 PLC 能应用在恶劣的工业环境中。

PLC 的发展趋势为低挡 PLC 向小型、简易、廉价方向发展；中、高挡 PLC 向大型、网络、高速、多功能方向发展。

2. PLC 的定义

可编程序控制器（Programmable Logic Controller，PLC），是以微处理器为基础，综合了计算机技术、自动控制技术和通讯技术而发展起来的一种新型、通用的自动控制装置（工业计算机）。由于 PLC 在不断发展，因此对它进行确切的定义是比较困难的。

国际电工委员会（International Electrical Committee，IEC）在 1987 年的第 3 版中对 PLC 作了如下的定义：PLC 是一种专门为在工业环境下应用而设计的进行数字运算操作的电子装置。它采用可以编制程序的存储器，用来在其内部存储执行逻辑运算、顺序运算、定时、计数和算术运算等操作的指令，并能通过数字式或模拟式的输入和输出，控制各种类型的机械或生产过程。PLC 及其有关的外围设备都应按照易于与工业控制系统形成一个整体和易于扩展其功能的原则而设计。

3. 可编程控制器的分类

（1）按输入/输出点数分，可编程控制器可分为以下几个。

①小型机：小型 PLC I/O 总点数在 256 点以下，用户程序存储容量在 4 KB 左右。

②中型机：中型 PLC I/O 总点数在 256～2 048 点之间，用户程序存储容量在 8 KB 左右。

③大型机：大型 PLC I/O 总点数在 2 048 点以上，用户程序存储容量在 16 KB 以上。

（2）按结构形式分，可编程控制器可分为整体式和模块式。

（3）按生产厂家分。PLC 产品按地域分成三大流派：美国、欧洲和日本。其中占 PLC 市场 80％以上的生产公司是：德国的西门子（SIEMENS）公司、法国的施耐德（SCHNEIDER）自动化公司、日本的欧姆龙（OMRON）和三菱公司。

4. PLC 的特点

PLC 的特点主要有以下几个。

（1）可靠性高，抗干扰能力强、无触点控制。故障率少；硬件措施：屏蔽、滤波、隔离；软件措施：故障检测、信息保护和恢复、警戒时钟（死循环报警）、程序检验。

（2）使用灵活，通用性强。产品系列化，硬件结构模块式，可灵活选用；软接线逻辑使得 PLC 能简单轻松的实现各种不同的控制任务，且系统设计周期短。

（3）编程方便，易于掌握。采用与继电器电路极为相似的梯形图语言，直观易懂，

SFC 功能图，使编程更简单方便。

（4）接口简单，维护方便。可直接与现场强电设备相连接，接口电路模块化。有完善的自诊断及监视功能，便于查出故障原因，并迅速处理。

（5）功能完善，性价比高。除逻辑控制，定时计数，数字运算外，配合特殊功能模块还可以实现点位控制，PID 运算，过程控制，数字控制等功能，还可与上位机通信，远程控制等。

5. PLC 的功能及应用

（1）PLC 的功能。PLC 的功能主要有以下几个。

①顺序逻辑控制。

②运动控制。PLC 和计算机数控（CNC）设备集成在一起，可以完成机床的运动控制。

③定时和计数控制。

④模拟量控制。PLC 能完成数模转换或者模数转换，控制大量的物理参数，例如，温度、压力、速度和流量等。

⑤数据处理。

⑥通信和联网。

（2）PLC 的应用。在发达的工业国家，可编程序控制器已经广泛地应用在所有的工业部门。随着其性价比的不断提高，应用范围也不断扩大，主要有以下几个方面。

①数字量逻辑控制。可编程序控制器具有"与""或"等逻辑指令，可以实现触点和电路的串、并联，代替继电器进行组合，逻辑控制器可以定时控制与顺序逻辑控制。数字量逻辑控制可以用于单台设备，也可以用于自动生产线，其应用领域已遍及各行各业，甚至深入到家庭。

②运动控制。可编程序控制器使用专用的运动控制模块，对直线运动或圆周运动的位置、速度和加速度进行控制，可实现单轴、双轴、3 轴和多轴位置控制，使运动控制与顺序控制功能有机地结合在一起。可编程序控制器的运动控制功能广泛地用于各种机械，如金属切削机床、金属成形机械、装配机械、机器人、电梯等场合。

③闭环过程控制。过程控制是指对温度、压力、流量等连续变化的模拟量的闭环控制。可编程序控制器通过模拟量 I/O 模块，实现模拟量（Analog）和数字量（Digital）之间的 A/D 转换和 D/A 转换，并对模拟量实行闭环 PID（比例—积分—微分）控制。现代的大中型可编程序控制器一般都有 PID 闭环控制功能，这一功能可以用 PID 子程序或专用的 PID 模块来实现。其 PID 闭环控制功能已经广泛地应用于塑料挤压成形机、加热炉、热处理炉、锅炉等设备，以及轻工、化工、机械、冶金、电力、建材等行业。

④数据处理。现代的可编程序控制器具有数学运算（包括四则运算、矩阵运算、函数运算、字逻辑运算以及求反、循环、移位、浮点数运算等）、数据传送、转换、排序和查表、位操作等功能，可以完成数据的采集、分析和处理。这些数据可以与储存在存储器中的参考值比较，也可以用通信功能传送到别的智能装置，或者将它们打印制表。数据处理一般用于大型控制系统，如无人柔性制造系统，也可以用于过程控制系统，如造纸、冶金、食品工业中的一些大型控制系统。

⑤通信联网。可编程序控制器的通信包括主机与远程 I/O 之间的通信、多台可编程序

控制器之间的通信、可编程序控制器和其他智能控制设备（如计算机、变频器、数控装置）之间的通信。可编程序控制器与其他智能控制设备一起，可以组成"集中管理、分散控制"的分布式控制系统。

必须指出，并不是所有的可编程序控制器都具有上述全部功能，有些小型可编程序控制器只具有上述的部分功能，但是价格较低。

3.1.2 PLC 的结构

完整的 PLC 有两部分组成：硬件和软件。图 3-1 为 PLC 的组成部分，主要由 CPU 模块、输入模块、输出模块、和编程装置组成。

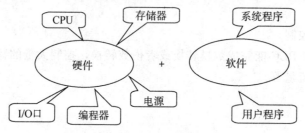

图 3-1 PLC 的组成部分

由图 3-1 可以看到，工业控制系统 PLC 的基本构成，以 SIMATIC S7-200 系统为例，各部分的连接关系，如图 3-2 所示。

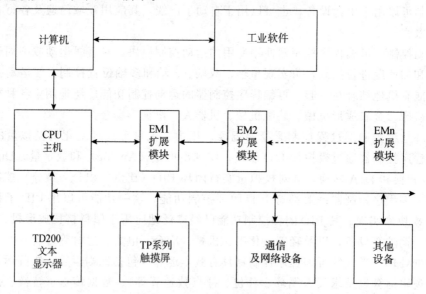

图 3-2 SIMATIC S7-200 系统

1. PLC 的外形结构

PLC 是微机技术和继电器常规控制概念相结合的产物，是一种工业控制用的专用计算机，采用了典型的计算机结构，图 3-3 为 CPU 224 主机与扩展机的结构外形图。

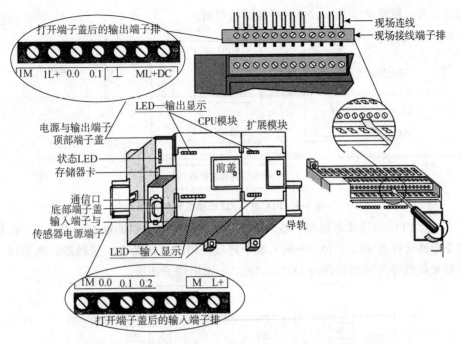

图 3-3　CPU 224 主机与扩展机的结构外形

从图 3-3 中可以看到，主机有 CPU 模块，如果使用过程中，主机的输入或者输出不能满足控制的要求，可增加扩展模块，以满足控制的需要；打开顶部端子盖，可看到上端有电源和输出端子，用于连接输入电源和输出信号；打开底部端子盖，可看到下端有输入端子和机内 24 V 电源，用于连接输入信号，输入信号可以是按钮、继电器类元件的触点，也可以是传感器的输出信号等；在上端、下端、左侧有 LED 显示灯，用于显示输出点、出入点、RUN 状态、STOP 状态或监控状态等，还有程序存储器卡接口、通信接口，与通信线可以连接，用于上装和下装 PLC 的运行程序；后边有固定 PLC 的导轨，也可以用螺栓固定。

2. 主机系统

图 3-4 为 PLC 的主机系统图。

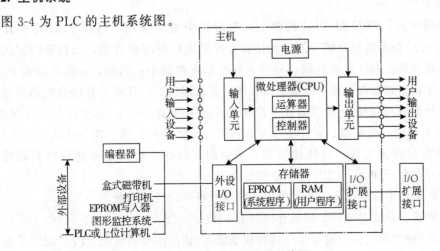

图 3-4　PLC 的主机系统图

图 3-5 为一典型 PLC 输入/输出接线结构简图。

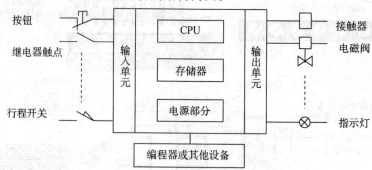

图 3-5 PLC 输入/输出接线结构简图

图 3-6 为 PLC 的等效电路图。输入点控制的按钮、继电器的触点行程开关、传感器的输出等命令性元件与 I0.0、I0.1…输入端子连接，用于发布命令；接触器、电磁阀、指示灯、小容量负载等负载型元件与 Q0.0、Q0.1…输出端子连接。

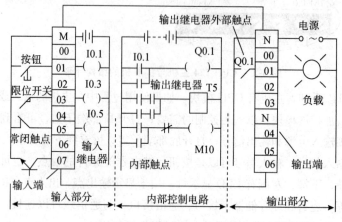

图 3-6 PLC 的等效电路

3. 内部结构

中央处理单元：CPU 是 PLC 的核心，起神经中枢的作用，每套 PLC 至少有一个 CPU，它按 PLC 的系统程序赋予的功能接收并存贮用户程序和数据，用扫描的方式采集由现场输入装置送来的状态或数据，并存入规定的寄存器中；同时，诊断电源和 PLC 内部电路的工作状态和编程过程中的语法错误等。进入运行后，从用户程序存贮器中逐条读取指令，经分析后再按指令规定的任务产生相应的控制信号，去指挥有关的控制电路，CPU 主要由运算器、控制器、寄存器及实现它们之间联系的数据、控制及状态总线构成，CPU 单元还包括外围芯片、总线接口及有关电路。内存主要用于存储程序及数据，是 PLC 不可缺少的组成单元。CPU 的主要功能如下。

（1）从存储器中读取指令：执行指令、顺序取指令、处理中断。

（2）存储器：只读存储器、随机存储器 RAM。

（3）输入/输出单元。为适应工业过程现场输入/输出信号的匹配，PLC 配置了各种类型的输入/输出模块单元输入接口电路有开关量输入单元和模拟量输入单元。

开关量输入单元：把现场各种开关信号变成 PLC 内部处理的标准信号。通常 PLC 的输入类型可以是直流、交流和交直流。输入电路的电源可由外部供给，有的也可由 PLC 内部提供。

模拟量输入单元：模拟量输入在过程控制中的应用很广，如常用的温度、压力、速度、流量、酸碱度、位移的各种工业检测都是对应于电压、电流的模拟量值，再通过一定运算（PID）后，控制生产过程达到一定的目的。模拟量输入电平大多是从传感器通过变换后得到的，模拟量的输入信号为 4～20 mA 的电流信号或 1～5 V、-10～10 V、0～10 V 的直流电压信号。模拟量输入单元的作用是把现场连续变化的模拟量标准信号转换成 PLC 内部处理的、由若干位表示的数字信号。模拟量输入单元一般由滤波、A/D 转换器、光耦合器隔离等部分组成。

图 3-7 和图 3-8 分别为一种型号 PLC 的直流和交流输入接口电路的电路图，采用的是外接电源。

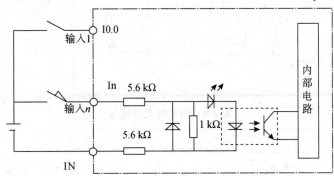

图 3-7　PLC 的直流输入接口电路的电路图

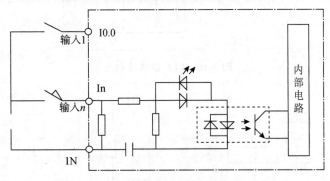

图 3-8　PLC 的交流输入接口电路的电路图

输出接口电路有开关量输出单元和模拟量输入单元。

开关量输出单元：它的作用是把 PLC 的内部信号转换成现场执行机构的各种开关信号。按照现场执行机构使用的电源类型的不同。开关量输出单元可分为：晶体管输出方式（用于直流输出负载）、双相晶闸管输出方式（用于交流输出负载）、继电器触点输出方式（可用于直流、又可交流）。特别应指出的是，由于继电器模式具有实际断点，可以从物理上切断所控制的回路，同时这种模式既适合于直流情况又适合于交流情况，因此这种模式在开关频率不太高的情况下是首选的输出控制方案。

模拟量输入单元:模拟量输入在过程控制中的应用很广,如常用的温度、压力、速度、流量、酸碱度、位移的各种工业检测都是对应于电压、电流的模拟量值,再通过一定运算(PID)后,控制生产过程达到一定的目的。模拟量输入电平大多是从传感器通过变换后得到的,模拟量的输入信号为 4~20 mA 的电流信号或 1~5 V、-10~10 V、0~10 V 的直流电压信号。模拟量输入单元的作用是把现场连续变化的模拟量标准信号转换成 PLC 内部处理的、由若干位表示的数字信号。模拟量输入单元一般由滤波、A/D 转换器、光耦合器隔离等部分组成。

输出接口电路输出都采用电气隔离技术,电源由外部提供,输出电流 05A-2A,输出电流的额定值与负载性质有关,图 3-9、图 3-10 和图 3-11 为三种输出原理图。

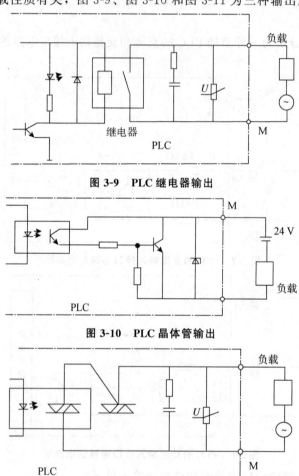

图 3-9　PLC 继电器输出

图 3-10　PLC 晶体管输出

图 3-11　PLC 晶闸管输出

4. 标准编程器

工业上用的各厂商的可编程序控制器的使用中,手编器曾是主要编程设备,后来出现了图形输入设备,又出现了计算机编程软件。通过通信设备,使 PLC 和计算机相连,用编程软件可直接在计算机上编程,由于计算机的显示器屏幕较大,对程序的编制和修更加方便高效。即使是现在,手编器的使用仍十分广泛,特别是用小型和微型 PLC 实现的小规模系统。如图 3-12 所示为标准编程器的外观形状。

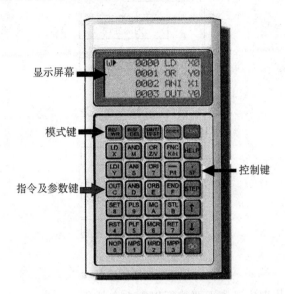

图 3-12 标准编程器的外观形状

5. 主机与扩展模块的使用

如图 3-13 所示为 I/O 扩展示意图。

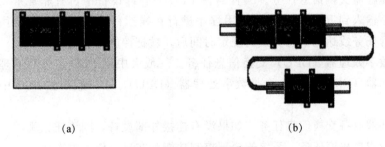

(a)   (b)

图 3-13 I/O 扩展示意图

(a) 面板安装;(b) 标准导轨安装

3.1.3 PLC 的工作过程与工作原理

1. 可编程序控制器的工作过程

PLC 上电后,就在系统程序的监控下,周而复始地按固定顺序对系统内部的各种任务进行查询、判断和执行,这个过程实质上是一个不断循环的顺序扫描过程。一个循环扫描过程称为扫描周期。如图 3-14 所示,当 PLC 方式开关置于 RUN(运行)时,执行所有阶段;当方式开关置于 STOP(停止)时,不执行后 3 个阶段,此时可进行通信处理,如对 PLC 联机或离线编程。

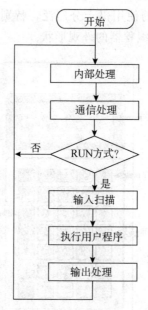

图 3-14　工作过程

PLC 在一个扫描周期内基本上要执行以下六个任务：

（1）运行监控任务。为了保证系统可靠工作，PLC 内部设置了系统监视定时器 WDT，WDT 的时间设定值一般为扫描周期的 2～3 倍，通常为 100～200 ms。

（2）与编程器交换信息任务。编程器在 PLC 的外部设备中占有非常重要的地位，用户把应用程序输入到 PLC 中，或对应用程序进行在线运行监视和修改都要用到它。编程器在完成处理任务或达到信息交换的规定时间后，就把控制权交还给 PLC。

（3）与数字处理器（DPU）交换信息任务。一般大中型 PLC 多为双处理器系统，一个是字节处理器（CPU），另一个是数字处理器（DPU），在一般小型 PLC 中是没有这个任务的。

（4）与外部设备交换信息任务。如果没有连接外部设备，则该任务跳过。

（5）执行用户程序任务。系统的全部控制功能都在这一任务中实现。

（6）输入/输出信息处理任务。

2. PLC 的输入/输出过程

PLC 的工作方式是周期扫描方式，所以其输入/输出过程是定时进行的，对用户程序而言，要处理的输入信号是输入信号状态暂存区的信号，而不是实际的信号。运算处理后的输出信号被放入输出信号状态暂存区中，而不是直接输出到现场的。

PLC 周期性的输入/输出处理方式对一般控制对象而言是能够满足的，但是对那些要求响应时间小于扫描周期的控制系统则不能满足，这时可以用智能型输入/输出单元或专门的软件指令，通过与扫描周期脱离的方式来解决。

3. PLC 的中断输入处理过程

PLC 的中断输入处理方法同一般计算机系统是基本相同的，即当有中断申请信号输入后，系统要中断正在执行的相关程序而转向执行中断子程序；当有多个中断源时，它们将按中断的优先级有一个先后顺序的排队处理。系统可以通过程序设定允许中断或禁止中断。

PLC 的中断源信息是通过输入单元进入系统的。

PLC 的中断源有优先顺序，一般无嵌套关系。

4. PLC 的工作原理

PLC 的工作原理与计算机的工作原理是基本一致的。PLC 执行的任务是串行的，与继电器逻辑控制系统中控制任务的执行有所不同。

从 PLC 的工作过程可以看到，整个工作过程是以循环扫描的方式进行的。循环扫描方式是指在程序执行过程的周期中，程序对各个过程输入信号进行采样，对采样的信号进行运算和处理，并把运算结果输出到生产过程的执行机构中。这个工作过程一般包括五个阶段：内部处理、与编程器等的通信处理、输入扫描、用户程序执行、输出处理几个阶段，整个过程扫描一次所需要的时间称为扫描周期。

（1）PLC 的扫描周期 T＝公共部分扫描时间＋外设扫描时间＋用户程序执行时间＋ I/O 扫描时间。

（2）PLC 的 I/O 响应时间＝输入延迟时间＋扫描周期＋输出延迟时间＋输出时间

（3）可编程序控制器的输入处理、执行用户程序和输出处理过程的原理，如图 3-15 所示。

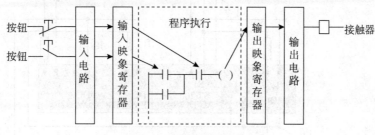

图 3-15　程序执行原理图

PLC 执行的五个阶段，称为一个扫描周期，PLC 完成一个周期后，又重新执行上述过程，扫描周而复始地进行。

3.1.4　PLC 的电源及接线

1. 交流电源系统的外部接线

交流电源系统的外部电路，如图 3-16 所示。用单刀开关将电源与可编程序控制器隔离开。可用过流保护设备（如空气开关）保护 CPU 的电源和 I/O 电路，也可以为输出点分组或分点设置熔断器。所有的地线端子集中到一起后，在最近的接地点用 1.5 mm² 的导线一点接地。将传感器电源的 M 端子接地，可获得最佳的噪声抑制。

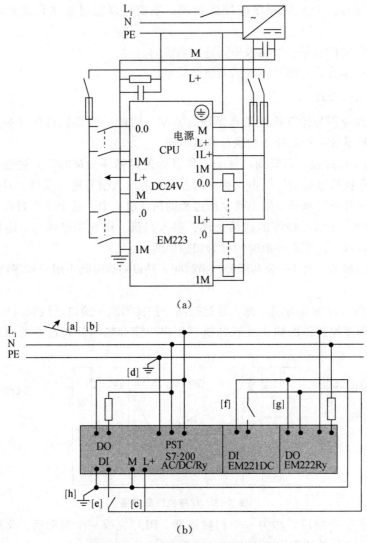

（a）

（b）

图 3-16 交流电源系统的外部电路

（a）含一个扩展模块的交流电源系统的外部电路；

（b）多个模块、使用单相过流保护开关保护 CPU 和负载电路

2. 直流电源系统的外部接线

使用直流电源的接线图如图 3-17 所示，用单刀开关将电源与可编程序控制器隔离开，可用过流保护设备（如空气开关）保护 CPU 的电源和 I/O 电路，可为输出点分组或分点设置熔断器。接地的处理同交流电源系统。

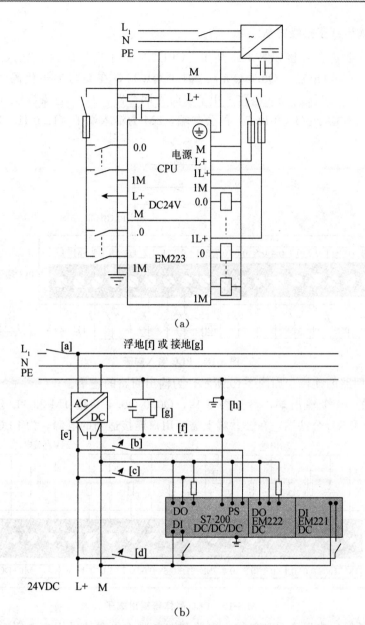

图 3-17 直流电源系统的外部电路

（a）含一个扩展模块的直流电源系统的外部电路；（b）多个模块、直流负载电路

在外部 AC/DC 电源的输出端接大容量的电容器，负载突变时，可以维持电压稳定，以确保 DC 电源有足够的抗冲击能力。把所有的 DC 电源接地可获得最佳的噪声抑制。未接地的 DC 电源的公共端 M 与保护地 PE 之间用 RC 并联电路连接，电阻和电容的典型值为 1 MΩ 和 4 700 pF。电阻提供了静电释放通路，电容用来提供高频噪声通路。

24 VDC 电源回路与设备之间，以及 220 V AC 电源与危险环境之间，应提供安全电气隔离。

3. 输入/输出端子接线方法

（1）与输入回路的连接如图 3-18 所示。CPU224 的主机共有 14 个输入点（I0.0-I0.7、I1.0-1.5）和 10 个输出点（Q0.0-Q0.7、Q1.0-Q1.1），在编写端子代码时采用八进制，没有 0.8 和 0.9。CPU224 输入电路采用了双向光耦合器，24 V 直流极性可任意选择，系统设置 1M 为输入端子（I0.0-I0.7）的公共端，2M 为输入端子（I1.0-I1.5）的公共端。

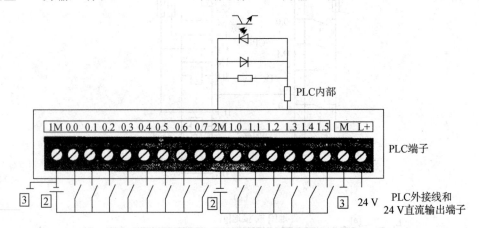

图 3-18　PLC 输入端子

（2）输出回路的连接。如图 3-19 所示，为输出回路的连接。

CPU224 的 10 个输出端，参见图 3-19，Q0.0-Q0.4 共用 1M 和 1L 公共端，Q0.5-Q1.1 共用 2M 和 2L 公共端，在公共端上需要用户连接适当的电源，为 PLC 的负载服务。

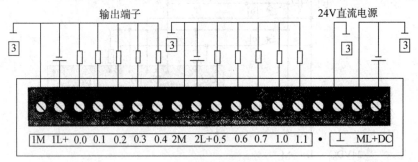

图 3-19　PLC 晶体管输出端子

CPU224 的输出电路有晶体管输出电路和继电器输出两种供用户选用。在晶体管输出电路中（型号为 6ES7 214—1AD21—0XB0）中，PLC 由 24V 直流供电，负载采用了 MOSFET 功率驱动器件，所以只能用直流为负载供电。输出端将数字量输出分为两组，每组有一个公共端，共有 1L、2L 两个公共端，可接入不同电压等级的负载电源。在继电器输出电路中（型号为 6ES7 212-IBB21-0XB0），PLC 由 220V 交流电源供电，负载采用了继电器驱动，所以既可以选用直流为负载供电，也可以采用交流为负载供电。在继电器输出电路中，数字量输出分为 3 组，每组的公共端为本组的电源供给端，Q0.0-Q0.3 共用 1L，Q0.4-Q0.6 共用 2L，Q0.7-Q1.1 共用 3L，各组之间可接入不同电压等级、不同电压性质的负载电源，如图 3-20 所示。

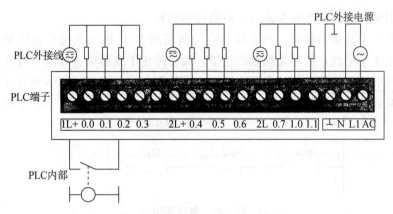

图 3-20 继电器输出形式 PLC 输出端子

3.1.5 梯形图的基础知识

1. 梯形图概述

梯形图语言是一种用画梯形控制图的形式表达 PLC 程序所使用的编程语言。它沿用了传统的继电器控制中的继电器触点、线圈、串并联等术语和图形符号，并结合了一些微机的特点，它具有符号形象、直观，对于熟悉继电器控制系统的人而言容易接受、编程容易的特点，很受用户的欢迎。图 3-21 是一个简单的梯形图程序，内容分层写在两条垂直的"母线"之间，形状如梯子。

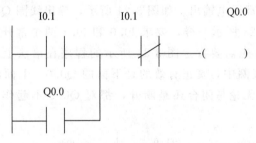

图 3-21 异步电机起动、自保、停止程序梯形图

梯形图是使用最多的图形编程语言，被称为 PLC 的第一编程语言。梯形图与电器控制系统的电路图很相似，特别适用于开关量逻辑控制。梯形图常被称为电路或程序，梯形图的设计称为编程。

2. 梯形图编程的一般规则

尽管梯形图与继电器电路图在结构形式、元件符号及逻辑控制功能等方面相类似，但它们又有许多不同之处，梯形图具有自己的编程规则。

（1）输入/输出继电器、内部辅助继电器、定时器、计数器等器件的触点可以多次重复使用，无须复杂的程序结构来减少触点的使用次数。

（2）先画出两条竖直方向的母线，再按从左到右、从上到下的顺序画好每一个逻辑行。梯形图上所画触点状态，就是输入信号未作用时的初始状态。触点应画在水平线上，不能画在垂直线上（主控触点例外）。不含节点的分支应画在垂直方向，不可放在水平方向，以便于识别节点的组合和对输出线圈的控制路径。

（3）梯形图中元素的编号、图形符号应与所用的 PLC 机型及指令系统相一致。每一逻辑行总是起于左母线，然后是触点的连接，最后终止于线圈或右母线（右母线可以不画出，注意：左母线与线圈之间一定要有触点，而线圈与右母线之间则不能有任何触点。触点在前，线圈在后），下图中触点 I0.3 不允许在线圈 Q0.3 后，如图 3-22 所示。

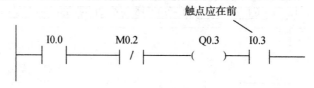

图 3-22 规则实例

（4）梯形图中的触点可以任意串联或并联，但继电器线圈只能并联而不能串联。触点的使用次数不受限制，立即触点只针对输入 I。

（5）一般情况下，在梯形图中同一线圈只能出现一次。因为，在重复使用的输出线圈中只有程序中最后一个是有效的，其它都是无效的。输出线圈具有最后优先权，如果在程序中，同一线圈使用了两次或多次，称为"双线圈输出"。对于"双线圈输出"，有些 PLC 将其视为语法错误，绝对不允许；有些 PLC 则将前面的输出视为无效，只有最后一次输出有效；而有些 PLC，在含有跳转指令或步进指令的梯形图中允许双线圈输出。

如图 3-23 所示，输出线圈 Q0.0 是单一使用，表示 I0.0 和 I0.1 两个常开接点中任何一个闭合，输出线圈都得电输出。如图 3-24 所示，输出线圈 Q0.0 是重复使用，重复使用两次，目的和图 3-23 所示一样，要求 I0.0 和 I0.1 两个常开接点中任何一个闭合，输出线圈得电输出，首先需要肯定图 3-24 所示的程序在语法上是完全正确的，但是，Q0.0 重复使用的输出线圈中，真正有效的是下面的 Q0.0，上面的 Q0.0 是多余的、无效的。也就是说，I0.0 无论是闭合还是断开，都对 Q0.0 不起作用，Q0.0 是否得电是由 I0.1 决定的。

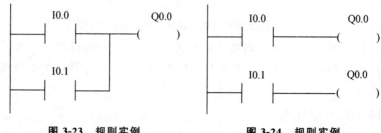

图 3-23 规则实例   图 3-24 规则实例

（6）有几个串联电路相并联时，应将串联触点多的回路放在上方（上重下轻原则），如图 3-25 所示。在有几个并联电路相串联时，应将并联触点多的回路放在左方（左重右轻原则），如图 3-26 所示。这样所编制的程序简洁明了，语句较少。

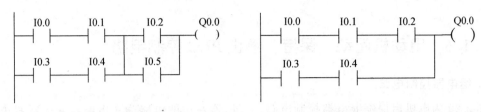

图 3-25 规则实例　　　　　　　　图 3-26 规则实例

另外，在设计梯形图时输入继电器的触点状态最好按输入设备全部为常开时进行设计更为合适，不易出错。建议用户尽可能用输入设备的常开触点与 PLC 输入端连接，如果某些信号只能用常闭输入，可先按输入设备为常开来设计，然后将梯形图中对应的输入继电器触点取反（常开改成常闭、常闭改成常开）。

（7）输入线圈不能用程序控制如图 3-27 所示。

Q换成I　　　　　　　　　　　I换成Q

图 3-27 规则实例

（8）线圈不能直接与母线连接，触点和线圈连接时，触点在左，线圈在右，如图 3-28 所示，线圈的右边不能有触点，触点的左边不能有线圈（注意：为定时器、计数器时，应设定参数的数值）。

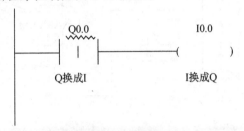

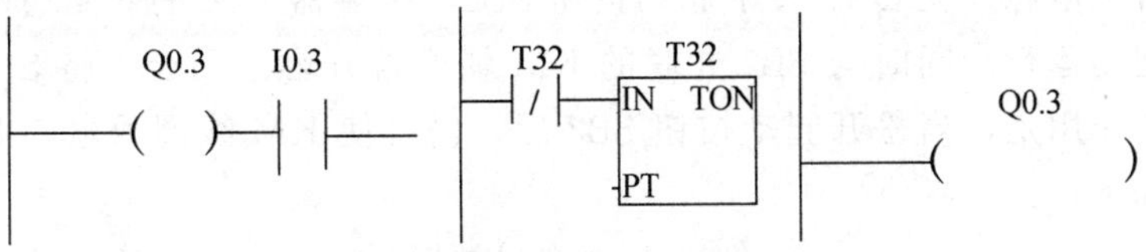

图 3-28 规则实例

（9）梯形图中的触点应画在水平线上，而不能画在垂直分支上。不包含触点的分支应放在垂直方向，不应放在水平线上，这样便于看清触点的组合和对输出线圈的控制路线。

（10）梯形图画得合理，编程时指令的使用数量可以减少。常用的继电器图形符号与 PLC 图形符号的对应关系不能混淆。

继电器图形符号与 PLC 图形符号对照表如表 3-1 所示。

表 3-1　继电器图形符号与 PLC 图形符号对照表

符号名称	继电器图形符号	梯形图图形符号
常开触点		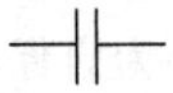 ┤├
常闭触点		┤/├
线圈		 ─○─ 或（ ）

3.1.6 电动机起动、保持、停止PLC控制电路

1. 继电器控制电路

图3-29为电机启保停继电器控制电路。变压器左边的电路为主电路，变压器右边的电路为控制线路，由起动按钮 SB₂、停止按钮 SB₁、接触器 KM 的线圈及其辅助常开触点组成。

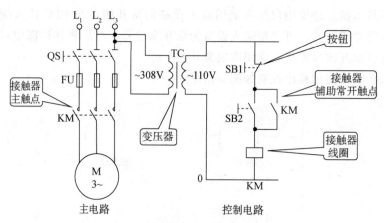

图 3-29 电机启保停继电器控制电路

2. 继电器控制工作原理

电路的工作过程如下。

（1）首先合上电源开关 QS。按下起动按钮 SB2，接触器 KM 的线圈通电，其主触点闭合，电动机起动运行。同时与 SB2 并联的 KM 辅助常开触点闭合，将 SB2 短接。KM 辅助常开触点的作用是，当松开起动按钮 SB2 后，仍可使 KM 线圈通电，电动机继续运行。简要分析如下：

按下SB2 → KM线圈通电 → KM主触点闭合 → M旋转
　　　　　　　　　　　　　 → KM自锁触点闭合

这种依靠接触器自身的辅助触点来使其线圈保持通电的电路称为自锁或自保电路。带有自锁功能的控制线路具有欠压保护作用，起自锁作用的辅助触点称为自锁触点。

（2）按停止按钮 SB₁，接触器 KM 线圈断电，电动机 M 停止转动。此时 KM 的自锁常开触点断开，松手后 SB₁ 虽又闭合，但 KM 的线圈不能继续通电。简要分析如下：

按下SB1 → KM线圈断电 → KM主触点断开 → M停转
　　　　　　　　　　　　　 → KM自锁触点断电

3. PLC 控制程序

图3-30为启保停梯形图，其中 I0.0 是起动按钮，I0.1 是停止按钮，Q0.0 是接触器。

4. I/O 配置表

I/O 配置表如表3-2所示。

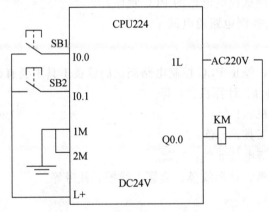

图 3-30 启保停梯形图

表 3-2 I/O 配置表

1	A	I0.0	起动按钮 SB2
2	B	I0.1	停止按钮 SB1
3	C	Q0.0	接触器 KM

5. I/O 接线图

启保停 I/O 接线图如图 3-31 所示。

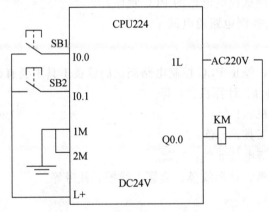

图 3-31 启保停 I/O 接线图

6. PLC 程序工作原理

起动、保持和停止电路（简称为"起保停"电路），其梯形图和对应的 PLC 外部接线图如图 3-31 所示。在外部接线图中起动常开按钮 SB1 和 SB2 分别接在输入端 I0.0 和 I0.1，负载接在输出端 Q0.0。因此输入映像寄存器 I0.0 的状态与起动常开按钮 SB1 的状态相对应，输入映像寄存器 I0.1 的状态与停止常开按钮 SB2 的状态相对应。而程序运行结果写入输出映像寄存器 Q0.0，并通过输出电路控制负载。图中的起动信号 I0.0 和停止信号 I0.1 是由起动常开按钮和停止常开按钮提供的信号，持续 ON 的时间一般都很短，这种信号称为短信号。起保停电路最主要的特点是具有"记忆"功能，按下起动按钮，I0.0 的常开触点接通，如果这时未按停止按钮，I0.1 的常闭触点接通，Q0.0 的线圈"通电"，它的常开触点同时接通。放开起动按钮，I0.0 的常开触点断开，"能流"经 Q0.0 的常开触点和 I0.1 的常闭触点流过 Q0.0 的线圈，Q0.0 仍为 ON，这就是所谓的"自锁"或"自保持"功能。按下停止按钮，I0.1 的常闭触点断开，使 Q0.0 的线圈断电，其常开触点断开，以后即使放开停止按钮，I0.1 的常闭触点恢复接通状态，Q0.0 的线圈仍然"断电"。在实际电路中，起动信号和停止信号可能由多个触点组成的串、并联电路提供。

（1）每一个传感器或开关输入对应一个 PLC 确定的输入点，每一个负载 PLC 一个确定的输出点。

（2）为了使梯形图和继电器接触器控制的电路图中的触点的类型相同，外部按钮一般用常开按钮。

1. 任务内容

电动机起动、保持、停止 PLC 控制电路调试。

2. 任务要求

电动机起动、保持、停止 PLC 控制电路调试的任务要求如下。

（1）按照工艺要求对控制电路接线。

（2）能够正确编写调试控制电路的 PLC 程序。

（3）能正确对 PLC 控制电路通电试车。

3. 设备工具

电动机起动、保持、停止 PLC 控制电路调试的设备工具主要有以下几个。

（1）PLC 控制实训台、计算机：1 套。

（2）三相异步电动机：1 台。

（3）万用表、电工工具：1 套。

（4）按钮、接触器等电气元件：1 套。

（5）导线、U 形线鼻、针形线鼻、套管、线槽、扎带等。

4. 实施步骤

电动机起动、保持、停止 PLC 控制电路调试的实施步骤如下。

（1）正确选用电气元件、导线、线鼻等器材。

（2）分配 I/O 地址，绘制 I/O 地址分配表。

（3）绘制电动机起动、保持、停止 PLC 控制电路接线图。

（4）编写控制电路梯形图程序。

（5）按照控制电路接线图进行配线。要求强电、弱电区分清晰，布线横平竖直，连接牢靠，线号正确，整体走线合理美观。

（6）认真检查装接完毕的控制电路，核对接线是否正确，连接点是否符合工艺要求，以防止造成电路不能正常工作和短路事故。

（7）经过指导教师许可后，通电调试程序。通电时指导教师必须在现场监护。

（8）通电时，注意电源是否正常；按下起动按钮后，观察接触器等元件工作是否正常、动作是否灵活；观察电动机运行是否正常，有无噪声过大等异常现象；检查 PLC 程序工作是否满足功能要求；如果出现故障，学生应独立检查，带电检查时，指导教师必须在现场监护；故障排除后，经指导教师同意可再次通电试车，故障原因及排除记录到任务报告中。

5. 考核标准

电动机起动、保持、停止 PLC 控制电路调试考核标准如表 3-3 所示。

表 3-3　电动机起动、保持、停止 PLC 控制电路调试考核标准

项目内容	分数	扣分标准	得分
控制电路连接	10	(1) 不按电路接线图连接，扣 10 分； (2) 接线不符合工艺要求，每处扣 1 分； (3) 整体走线不合理、不美观，酌情扣分；	
控制电路编程	40	(1) 使用编程软件错误，扣 20 分； (2) 程序编译不通过，每次扣 5 分； (3) 程序不能完成下载，每次扣 5 分； (4) 程序设计与 I/O 地址分配表不对应，扣 10 分； (5) 程序功能错误，扣 30 分；	
通电试车	40	(1) 第一次通电试车不成功，扣 20 分； (2) 第二次通电试车不成功，扣 30 分； (3) 第三次通电试车不成功，扣 40 分；	
安全操作	10	(1) 不遵守实训室规章制度，扣 10 分； (2) 未经允许擅自通电，扣 10 分	
合计			

任务 3.2　电动机正反转 PLC 控制电路调试

掌握电动机正反转 PLC 控制电路的 PLC 编程并调试；能对电动机正反转 PLC 控制电路进行设计、接线、调试与检修。

3.2.1　常用的典型控制环节和基本单元电路

PLC 应用程序往往是一些典型的控制环节和基本单元电路的组合，熟练掌握这些典型环节和基本单元电路，可以使程序的设计变得简单，下面主要介绍一些常见的典型单元梯形图。

1. 后置优先自保程序

图 3-32 为后置优先自保程序梯形图，当 I0.0 和 I0.1 均为 ON 时，Q0.0 为 OFF。

图 3-32　后置优先自保程序梯形图

2. 动作优先自保程序

图 3-33 为动作优先自保程序梯形图，当 I0.0 和 I0.1 均为 ON 是，Q0.0 为 ON。

图 3-33　动作优先自保程序梯形图

3. 两个并联回路串联程序

图 3-34 为两个并联回路串联程序梯形图。

图 3-34　两个并联回路串联程序梯形图

4. 电气连锁回路程序

图 3-35 为电气连锁回路程序。其应用为：两输出禁止同时动作，如电机正反转、两队按铃抢答。

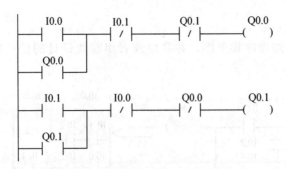

图 3-35 电气连锁回路程序梯形图

5. 机械与电气连锁程序

图 3-36 为机械与电气连锁程序梯形图。

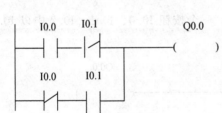

图 3-36 机械与电气连锁程序梯形图

6. 互斥回路程序

图 3-37 为互斥回路程序梯形图，预防两输入信号同时 ON 时而输出的场合。

I0.0	I0.1	Q0.0
0	0	0
1	0	1
0	1	1
1	1	0

图 3-37 互斥回路程序梯形图

7. 排除双向回路程序

图 3-38 为排除双向回路程序梯形图，I0.2 为双向，PLC 无法执行。

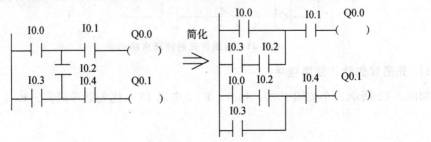

图 3-38 排除双向回路程序梯形图

8. 桥式回路程序

图 3-39 为桥式回路程序梯形图，并联块或者串联块设计的桥式电路，必须化简后再入 PLC。

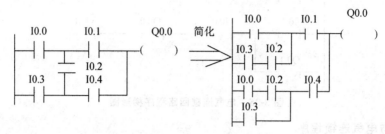

图 3-39　桥式回路程序梯形图

9. 等值回路程序

图 3-40 为等值回路程序梯形图化简方法，复杂的梯形图通过 I0.0 的重复使用，把原梯形图化简为 PLC 能够并联块程序。

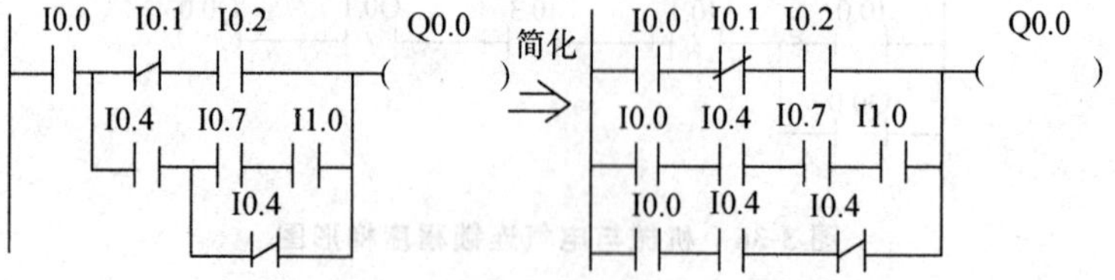

图 3-40　等值回路程序梯形图化简方法

10. 前端优先回路程序

图 3-41 为前端优先回路程序梯形图，三个按钮 I0.0、I0.1、I0.2 中以 I0.0 优先顺序最高、I0.1 次之。

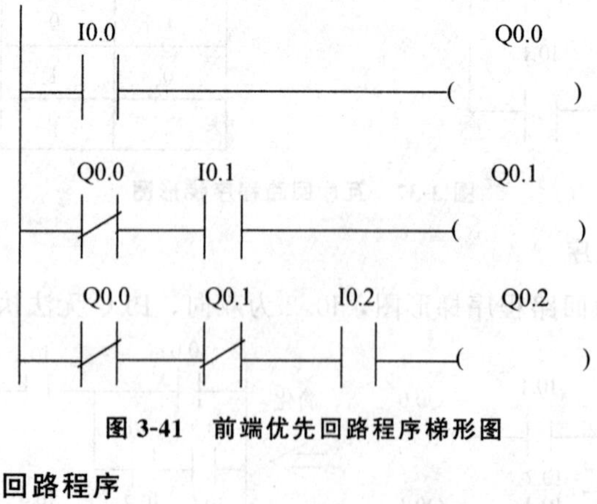

图 3-41　前端优先回路程序梯形图

11. 先通优先动作回路程序

如图 3-42 所示三个按钮 I0.0、I0.1、I0.2 中以 I0.0 优先顺序最高、I0.1 次之。

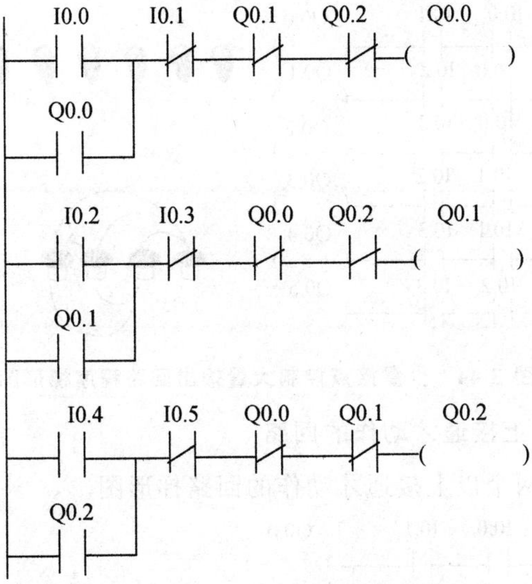

图 3-42　先通优先动作回路程序梯形图

12. 后通优先动作回路程序

图 3-43 为后通优先动作回路程序梯形图，先按后放，可实现最后放的动作；一直按则 OFF。

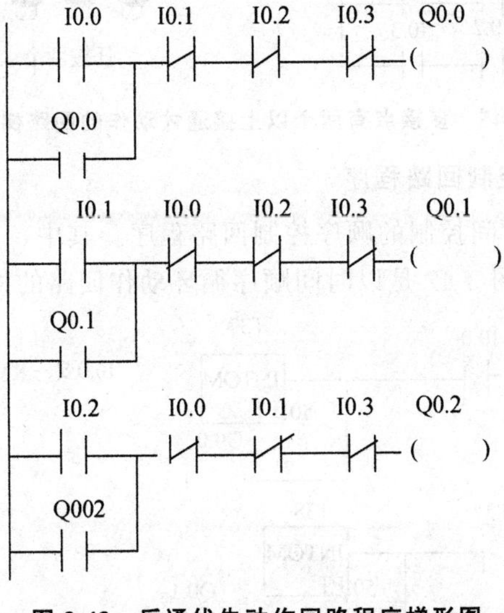

图 3-43　后通优先动作回路程序梯形图

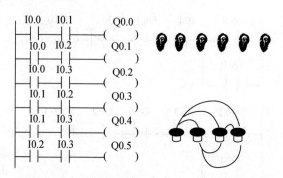

图 3-44　少量接点控制大量输出回路程序梯形图

13. 多接点有两个以上接通才动作的回路

图 3-45 为多接点有两个以上接通才动作的回路梯形图。

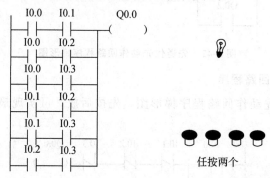

图 3-45　多接点有两个以上接通才动作的回路梯形图

14. 时间控制的顺序控制回路程序

图 3-46 和图 3-47 为时间控制的顺序控制回路程序。其中，图 3-46 是以时间顺序动作回路的控制程序梯形图；图 3-47 是以时间顺序循环动作回路的控制程序梯形图。

```
      I0.0                    T37
       │├──────────────┬──────────┐
       │               │   INTOM   │        I0.0要一直ON
       │             50│PT         │
       │               └──────────┘
       │                        Q0.0
       └────────────────────────( )

      T37                     T38
       │├──────────────┬──────────┐
       │               │   INTOM   │
       │             50│PT         │
       │               └──────────┘
       │                        Q0.1
       └────────────────────────( )

      T38                     Q0.2
       │├──────────────────────( )
```

图 3-46　以时间顺序动作回路的控制程序梯形图

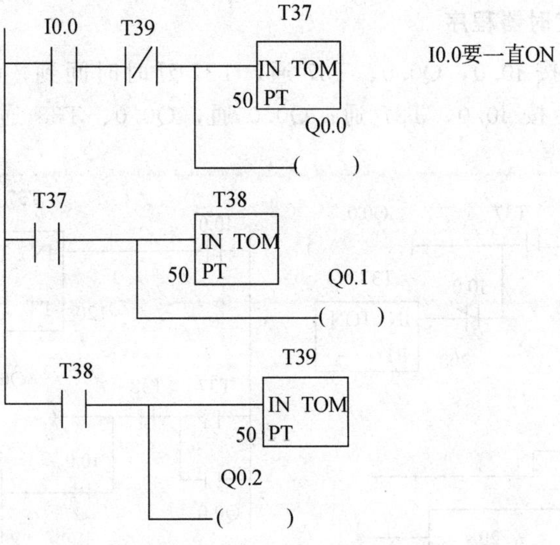

I0.0 要一直 ON

图 3-47 以时间顺序循环动作回路的控制程序梯形图

15. 交换回路

如图 3-48 所示，按下 I0.0、Q0.0 就 ON，再按下 I0.0、Q0.0 就 OFF。

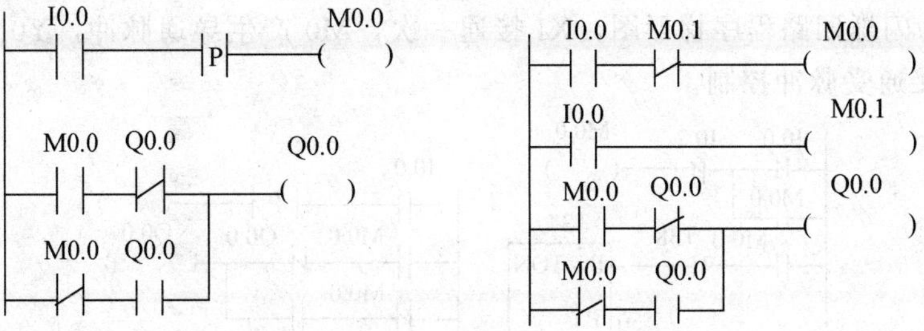

图 3-48 交换回路程序梯形图

16. 瞬时导通，延时断开回路程序

如图 3-49 所示，为瞬时导通，延时断开回路程序，不论 I0.0 ON 多久、Q0.0 只 ON 5 s。

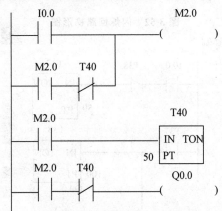

图 3-49 瞬时导通，延时断开回路程序梯形图

17. 延时通、断定时器程序

如图 3-50 所示，按 I0.0，Q0.0、T37 通，T37 延时时间到，Q0.0、T37 断开的程序。如图 3-51 所示，按 I0.0，T37 通；Q0.0 通，Q0.0、T38 通；T38 延时时间到，Q0.0、T38 断开的程序。

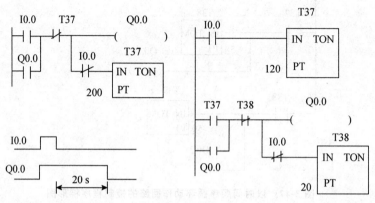

图 3-50　断电延时时序、梯形图　　图 3-51　通/断电延时梯形图

18. 闪烁回路程序

图 3-52 为闪烁回路程序梯形图，X1 接通一次，M0 产生导通脉冲，Y0 接通，随时又断开；Y0 的接通受脉冲控制。

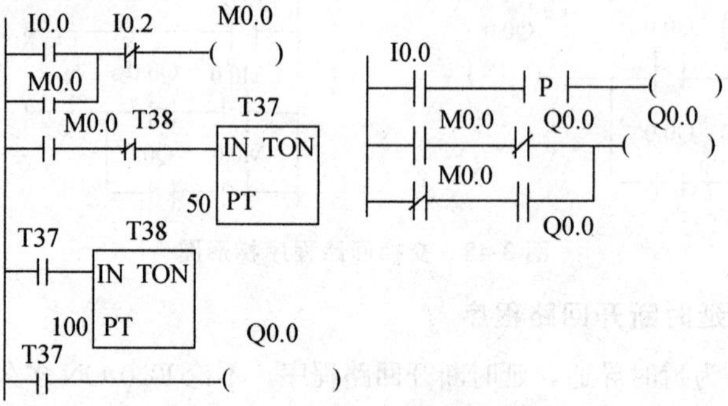

图 3-52　闪烁回路梯形图

图 3-53 为闪烁器程序实例。

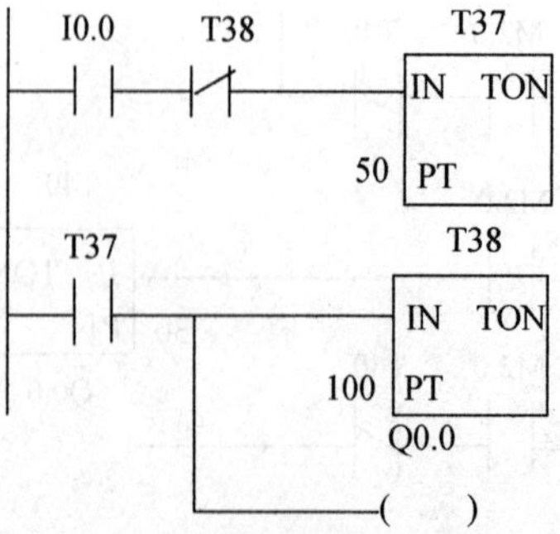

图 3-53　闪烁器程序实例

19. 长延时电路（定时、计数指令的应用）程序

在实际的系统中，如果所要求的定时时间超过了定时器的最大定时范围时往往采取两种办法，一种是采用将几个定时器串联的办法，再就是用定时器和计数器配合的办法来扩充定时范围。图 3-54 是由定时器 T37 和计数器 C20 组合而成的长延时电路梯形图及时序图。

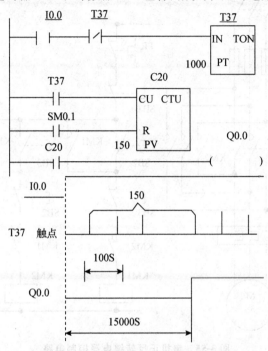

图 3-54　长延时电路梯形图及时序图

输入 I0.0 接通，I0.0 常开触点闭合，T37 开始计时，延时 100 s 后，T37 常开触点闭合，作为 C20 的计数输入（图中 M0.1 是用来在程序运行开始时对 C20 进行复位），这时 T37 的常闭触点使 T37 自动复位，待下一次扫描时，T37 又接通定时，因此 T37 的触点每隔 100 s 闭合一次，每次接通的时间为一个扫描周期。而计数器 C20 则对这个脉冲计数，当计数 150 次时，C20 的常开触点闭合，使输出 Q0.0 线圈接通。因此，从 I0.0 接通到 Q0.0 输出接通，总的延时时间为定时器和计数器设定值的乘积。长延时电路的指令表如下。

LD	I0.0		LD	T37	
ANI	T37		CTU	C20	150
TON	T37	100	LD	C20	
LD	M0.1		OUT	Q0.0	

3.2.2　电动机正反转 PLC 控制电路

1. 继电器控制电路

生产设备常常要求具有上下、左右、前后等正、反方向的运动，这就要求电动机能正、反向工作。交流感应电动机的正、反向运动，可借助接触器改变定子绕组相序来实现。如图 3-55 所示的电路可以实现不按停止按钮,直接按反向按钮就能使电动机反向转动。

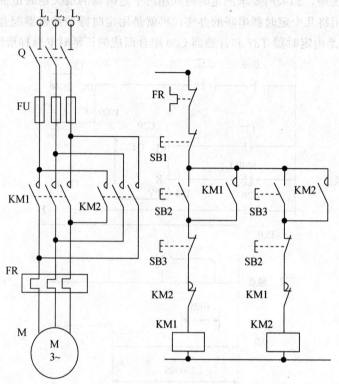

图 3-55　电机正反转继电器控制电路

2. 继电器控制工作原理

如图 3-55 所示,将起动按钮 SB2、SB3 换成复合按钮,用复合按钮的常闭触点来断开转向相反的接触器线圈的通电回路。当按下 SB2(或 SB3)时,首先是按钮的常闭触点断开,使 KM2(或 KM1)线圈断电,同时按钮的常开触点闭合使 KM1(或 KM2)线圈通电吸合,电动机反方向运转。此电路由于在电动机运转时可按反转起动按钮直接换向,因此常称为"正—反—停"控制线路。简要分析如下:

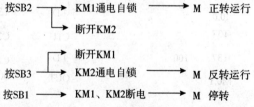

虽然采用复合按钮也能起到互锁作用,但只靠按钮互锁而不用接触器常闭触点进行互锁是不可靠的。因为当接触器主触点被强烈的电弧"烧焊"在一起或者接触器机构失灵时,会使衔铁卡在吸合状态,此时,如果另一只接触器动作,就会造成电源短路事故。有接触器常闭触点互锁,则只要一个接触器处在吸合状态位置时,其常闭触点必然将另一个接触器线圈电路切断,故能避免电源短路事故的发生。

3. PLC 控制程序

PLC 控制程序如图 3-56 所示。

```
  I0.2      I0.3   I0.0   I0.1   Q0.1   Q0.0
──┤ ├──┬──┤/├──┤ ├──┤ ├──┤/├──(   )──
  Q0.0  │
──┤ ├──┘

  I0.3      I0.2   I0.0   I0.1   Q0.0   Q0.1
──┤ ├──┬──┤/├──┤ ├──┤ ├──┤/├──(   )──
  Q0.1  │
──┤ ├──┘
```

图 3-56 PLC 控制程序

4. I/O 配置表

电机正反转 I/O 配置表如表 3-4 所示。

表 3-4 电机正反转 I/O 配置表

1	A	I0.0	起动按钮
2	B	I0.1	正转按钮
3	C	I0.2	反转按钮
4	D	I0.3	停止按钮
5	E	Q0.0	电机正转
6	F	Q0.1	电机反转

5. I/O 接线图

电机正反转 I/O 接线图如图 3-57 所示。

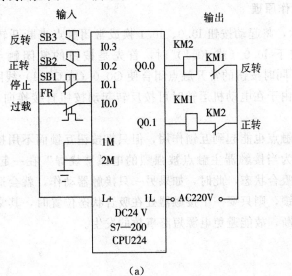

（a）

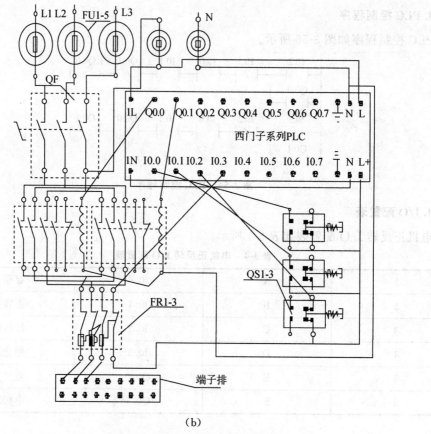

图 3-57　电机正反转 I/O 接线图

（a）I/O 接线；（b）电机正反转控制线路实际 I/O 接线图

6. PLC 程序工作原理

如图 3-57 所示，将起动按钮 I0.0、I0.1 换成常闭触点来断开转向相反的接触器线圈的通电回路。当按下 I0.0（或 I0.1）时，首先是按钮的常闭触点断开，使 Q0.1（或 Q0.0）线圈断电，同时按钮的常开触点闭合使 Q0.0（或 Q0.1）线圈通电吸合，电动机反方向运转。此电路由于在电动机运转时可按反转起动按钮直接换向，因此常称为"正-反-停"控制线路。

虽然采用常闭触点也能起到互锁作用，但只靠按钮互锁而不用接触器常闭触点进行互锁是不可靠的。因为当接触器主触点被强烈的电弧"烧焊"在一起或者接触器机构失灵时，会使衔铁卡在吸合状态，此时，如果另一只接触器动作，就会造成电源短路事故。有接触器常闭触点互锁，则只要一个接触器处在吸合状态位置时，其常闭触点必然将另一个接触器线圈电路切断，故能避免电源短路事故的发生。

1. 任务内容

电动机正反转 PLC 控制电路调试。

2. 任务要求

电动机正反转 PLC 控制电路调试的任务要求如下。

（1）按照工艺要求对控制电路接线。

（2）能够正确编写调试控制电路的 PLC 程序。

（3）能正确对 PLC 控制电路通电试车。

3. 设备工具

电动机正反转 PLC 控制电路调试的设备工具主要有以下几个。

（1）PLC 控制实训台、计算机：1 套。

（2）三相异步电动机：1 台。

（3）万用表、电工工具：1 套。

（4）按钮、接触器等电气元件：1 套。

（5）导线、U 形线鼻、针形线鼻、套管、线槽、扎带等。

4. 实施步骤

电动机正反转 PLC 控制电路调试的实施步骤如下。

（1）正确选用电气元件、导线、线鼻等器材。

（2）分配 I/O 地址，绘制 I/O 地址分配表。

（3）绘制电动机正反转 PLC 控制电路接线图。

（4）编写控制电路梯形图程序。

（5）按照控制电路接线图进行配线。要求强电、弱电区分清晰，布线横平竖直，连接牢靠，线号正确，整体走线合理美观。

（6）认真检查装接完毕的控制电路，核对接线是否正确，连接点是否符合工艺要求，以防止造成电路不能正常工作和短路事故。

（7）经过指导教师许可后，通电调试程序。通电时指导教师必须在现场监护。

（8）通电时，注意电源是否正常；按下起动按钮后，观察接触器等元件工作是否正常、动作是否灵活；观察电动机运行是否正常，有无噪声过大等异常现象；检查 PLC 程序工作是否满足功能要求；如果出现故障，学生应独立检查，带电检查时，指导教师必须在现场监护；故障排除后，经指导教师同意可再次通电试车，故障原因及排除记录到任务报告中。

5. 考核标准

电动机正反转 PLC 控制电路调试考核标准如表 3-5 所示。

表 3-5　电动机正反转 PLC 控制电路调试考核标准

项目内容	分数	扣分标准	得分
控制电路连接	10	(1) 不按电路接线图连接，扣 10 分； (2) 接线不符合工艺要求，每处扣 1 分； (3) 整体走线不合理、不美观，酌情扣分	
控制电路编程	40	(1) 使用编程软件错误，扣 20 分； (2) 程序编译不通过，每次扣 5 分； (3) 程序不能完成下载，每次扣 5 分； (4) 程序设计与 I/O 地址分配表不对应，扣 10 分； (5) 程序功能错误，扣 30 分	
通电试车	40	(1) 第一次通电试车不成功，扣 20 分； (2) 第二次通电试车不成功，扣 30 分； (3) 第三次通电试车不成功，扣 40 分	
安全操作	10	(1) 不遵守实训室规章制度，扣 10 分； (2) 未经允许擅自通电，扣 10 分	
合计			

任务 3.3　电动机减压起动 PLC 控制电路调试

掌握电动机减压起动 PLC 控制电路的 PLC 编程并调试；能对电动机减压起动 PLC 控制电路进行设计、接线、调试与检修。

1. 继电器控制电路

正常运行时定子绕组接成三角形的三相异步电动机，都可采用星形-三角形降压起动。如图 3-58 所示，电动机起动时，将其定子绕组连接成星形，加在电动机每相绕组上的电压为额定电压的 $1/\sqrt{3}$，起动电流为三角形直接起动电流的 1/3，减小了起动电流。经一段时间延时，待电动机转速上升到接近额定转速时再接成三角形，使电动机在额定电压下运行。

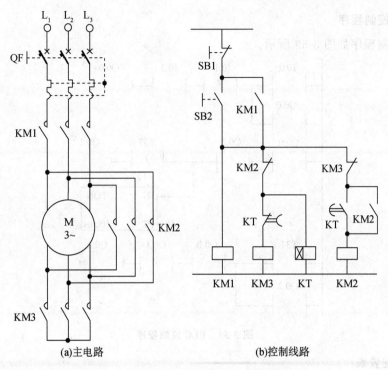

图 3-58 电机减压起动继电器控制电路

2. 继电器控制工作原理

线路的工作过程如下。

首先合上自动开关 QF。按下起动按钮 SB2，接触器 KM1、KM3 线圈通电，其主触点使定子绕组接成星形，电动机降压起动（接触器 KM1 的自锁触点，使 KM1、KM3 保持通电），同时时间继电器 KT 线圈通电。经一段时间延时（2 s 左右）后，电动机已达到额定转速，KT 的延时断开常闭触点断开，使 KM3 断电；而 KT 的延时闭合常开触点闭合，接触器 KM2 线圈通电自锁，使电动机定子绕组由星形转换到三角形连接，实现全电压运行。

在图 3-58 所示的控制线路中，KM3 动作后，其常闭触点将 KM2 的线圈断电，这样可防止 KM2 的再动作。同样 KM2 动作后，它的常闭触点将 KM3 的线圈断电，也防止了 KM3 的再动作。这种利用两个接触器的辅助常闭触点互相控制的方式，称为电气互锁（或联锁）。起互锁作用的常闭触点叫互锁触点。这种互锁关系，可保证起动过程中 KM2 与 KM3 的主触点不能同时闭合，防止了电源短路。KM2 的常闭触点同时也使时间继电器 KT 断电。简要分析如下：

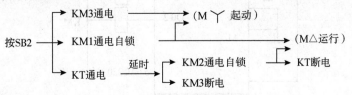

3. PLC 控制程序

PLC 控制程序如图 3-59 所示。

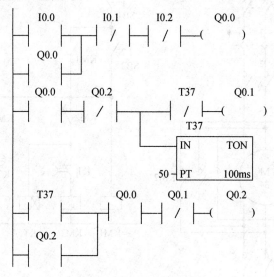

图 3-59 PLC 控制程序

4. I/O 配置表

电机减压起动正反转 I/O 配置表如表 3-6 所示。

表 3-6 电机减压起动正反转 I/O 配置表

1	A	Q0.0	KM1
2	B	Q0.1	KM3
3	C	Q0.2	KM2
4	D	I0.0	起动按钮
5	E	I0.1	停止按钮

5. I/O 接线图

电机减压起动 I/O 接线图如图 3-60 所示。

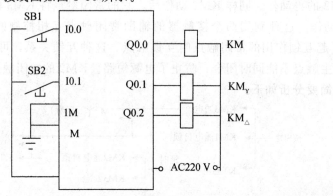

图 3-60 电机减压起动 I/O 接线图

6. PLC 程序工作原理

按下起动按钮 I0.0，输出继电器 Q0.0，Q0.1 接通，其主触点使定子绕组接成星形，电动机降压起动（输出继电器 Q0.0 自锁，使 Q0.0，Q0.1 接通），同时时间继电器 T37 线圈通电。经一段时间延时（2s 左右）后，电动机已达到额定转速，时间继电器 T37 的常闭触点断开，使 Q0.2 断电；而时间继电器 T37 的常开触点闭合，输出继电器 Q0.1 通电自锁，使电动机定子绕组由星形转换到三角形连接，实现全电压运行。

在图 3-86 所示的控制线路中，Q0.2 动作后，其常闭触点将 Q0.1 断电，这样可防止 Q0.1 的再动作。同样 Q0.1 动作后，它的常闭触点将 Q0.2 的线圈断电，也防止了 Q0.2 的再动作。这种利用两个触电的辅助常闭触点互相控制的方式，称为电气互锁（或联锁）。起互锁作用的常闭触点叫互锁触点。这种互锁关系，可保证起动过程中 Q0.1 与 Q0.2 的不能同时闭合，防止了电源短路。Q0.1 的常闭触点同时也使时间继电器 T37 断电。

1. 任务内容

电动机减压起动 PLC 控制电路调试。

2. 任务要求

电动机减压起动 PLC 控制电路调试的任务要求如下。

（1）按照工艺要求对控制电路接线。

（2）能够正确编写调试控制电路的 PLC 程序。

（3）能正确对 PLC 控制电路通电试车。

3. 设备工具

电动机减压起动 PLC 控制电路调试的设备工具主要有以下几个。

（1）PLC 控制实训台、计算机：1 套。

（2）三相异步电动机：1 台。

（3）万用表、电工工具：1 套。

（4）按钮、接触器等电气元件：1 套。

（5）导线、U 形线鼻、针形线鼻、套管、线槽、扎带等。

4. 实施步骤

电动机减压起动 PLC 控制电路调试的实施步骤如下。

（1）正确选用电气元件、导线、线鼻等器材。

（2）分配 I/O 地址，绘制 I/O 地址分配表。

（3）绘制电动机减压起动 PLC 控制电路接线图。

（4）编写控制电路梯形图程序。

（5）按照控制电路接线图进行配线。要求强电、弱电区分清晰，布线横平竖直，连接牢靠，线号正确，整体走线合理美观。

（6）认真检查装接完毕的控制电路，核对接线是否正确，连接点是否符合工艺要求，以防止造成电路不能正常工作和短路事故。

（7）经过指导教师许可后，通电调试程序。通电时指导教师必须在现场监护。

（8）通电时，注意电源是否正常；按下起动按钮后，观察接触器等元件工作是否正常、动作是否灵活；观察电动机运行是否正常，有无噪声过大等异常现象；检查 PLC 程序工作是否满足功能要求；如果出现故障，学生应独立检查，带电检查时，指导教师必须在现场监护；故障排除后，经指导教师同意可再次通电试车，故障原因及排除记录到任务报告中。

5. 考核标准

电动机减压起动 PLC 控制电路调试考核标准如表 3-7 所示。

表 3-7　电动机减压起动 PLC 控制电路调试考核标准

项目内容	分数	扣分标准	得分
控制电路连接	10	（1）不按电路接线图连接，扣 10 分； （2）接线不符合工艺要求，每处扣 1 分； （3）整体走线不合理、不美观，酌情扣分	
控制电路编程	40	（1）使用编程软件错误，扣 20 分； （2）程序编译不通过，每次扣 5 分； （3）程序不能完成下载，每次扣 5 分； （4）程序设计与 I/O 地址分配表不对应，扣 10 分； （5）程序功能错误，扣 30 分	
通电试车	40	（1）第一次通电试车不成功，扣 20 分； （2）第二次通电试车不成功，扣 30 分； （3）第三次通电试车不成功，扣 40 分	
安全操作	10	（1）不遵守实训室规章制度，扣 10 分； （2）未经允许擅自通电，扣 10 分	
合计			

任务 3.4　电动机制动 PLC 控制电路调试

掌握电动机制动 PLC 控制电路的 PLC 编程并调试；能对电动机制动 PLC 控制电路进行设计、接线、调试与检修。

1. 继电器控制电路

能耗制动是在电动机按下停止按钮断开三相电源的同时，定子绕组任意两相接入直流电源，产生静止磁场，利用转子感应电流与静止磁场的作用，产生电磁制动力矩而制动的。图 3-61 为时间原则的单向能耗制动的控制线路。

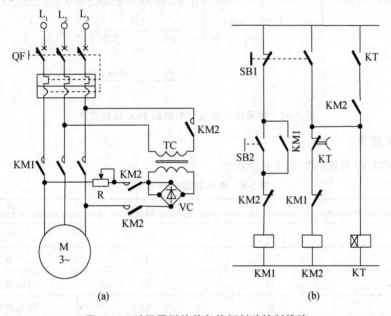

图 3-61 时间原则的单向能耗制动控制线路

（a）主电路；（b）控制线路

2. 继电器控制工作原理

图 3-61 所示为能耗制动时间原则方式下的单向能耗制动控制线路（用时间继电器进行控制）。停车时，按下复合停止按钮 SB1，接触器 KM1 断电释放，电动机脱离三相电源，接触器 KM2 和时间继电器 KT 同时通电并自锁，KM2 主触点闭合，将直流电源接入定子绕组，电动机进入能耗制动状态。延时一段时间（2 s 左右，即转子转速接近零时），时间继电器延时常闭触点断开，KM2 线圈断电，断开能耗制动直流电源，KM2 常开辅助触点复位，KT 线圈断电，电动机能耗制动结束。简要分析如下：

（假设电机在正转，则 KM_1 通电）

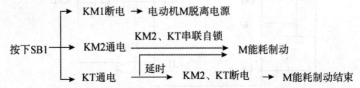

能耗制动的优点是制动准确、平稳、能量消耗小；缺点是需要一套整流设备。

3. PLC 控制程序

图 3-62 为时间控制的电机制动的 PLC 控制程序。

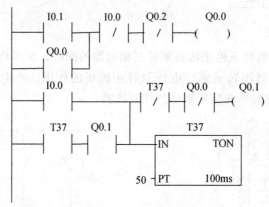

图 3-62　时间控制的电机制动的 PLC 控制程序

4. I/O 配置表

电机制动 I/O 分配表如表 3-8 所示。

表 3-8　电机制动 I/O 分配表

1	A	Q0.0	KM1
2	B	Q0.1	KM2
3	C	T37	KT
4	D	I0.0	起动按钮 SB1
5	E	I0.1	停止按钮 SB2

5. I/O 接线图

时间控制的电机制动的接线图如图 3-63 所示。

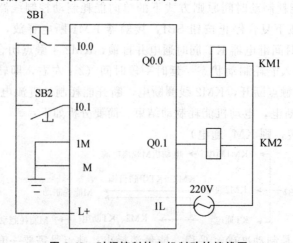

图 3-63　时间控制的电机制动的接线图

6. PLC 程序工作原理

图 3-63 为能耗制动时间原则方式下的单向能耗制动控制线路（用时间继电器进行控制）。停车时，按下复合停止按钮 I0.0，输出继电器 Q0.0 断电释放，电动机脱离三相电源，输出继电器 Q0.1 和时间继电器 T37 同时通电并自锁，Q0.1 触点闭合，将直流电源接入定子绕组，电动机进入能耗制动状态。延时一段时间（2 s 左右，即转子转速接近零时），时间继电器延时常闭触点断开，Q0.1 线圈断电，断开能耗制动直流电源，Q0.1 常开辅助触点复位，T37 线圈断电，电动机能耗制动结束。

1. 任务内容

电动机制动 PLC 控制电路调试。

2. 任务要求

电动机制动 PLC 控制电路调试的任务要求如下。

（1）按照工艺要求对控制电路接线。

（2）能够正确编写调试控制电路的 PLC 程序。

（3）能正确对 PLC 控制电路通电试车。

3. 设备工具

电动机制动 PLC 控制电路调试的设备工具主要有以下几个。

（1）PLC 控制实训台、计算机：1 套。

（2）三相异步电动机：1 台。

（3）万用表、电工工具：1 套。

（4）按钮、接触器等电气元件：1 套。

（5）导线、U 形线鼻、针形线鼻、套管、线槽、扎带等。

4. 实施步骤

电动机制动 PLC 控制电路调试的实施步骤如下。

（1）正确选用电气元件、导线、线鼻等器材。

（2）分配 I/O 地址，绘制 I/O 地址分配表。

（3）绘制电动机制动 PLC 控制电路接线图。

（4）编写控制电路梯形图程序。

（5）按照控制电路接线图进行配线。要求强电、弱电区分清晰，布线横平竖直，连接牢靠，线号正确，整体走线合理美观。

（6）认真检查装接完毕的控制电路，核对接线是否正确，连接点是否符合工艺要求，以防止造成电路不能正常工作和短路事故。

（7）经过指导教师许可后，通电调试程序。通电时指导教师必须在现场监护。

（8）通电时，注意电源是否正常；按下起动按钮后，观察接触器等元件工作是否正常、动作是否灵活；观察电动机运行是否正常，有无噪声过大等异常现象；检查 PLC 程序工作是否满足功能要求；如果出现故障，学生应独立检查，带电检查时，指导教师必须在现场监护；故障排除后，经指导教师同意可再次通电试车，故障原因及排除记录到任务报告中。

5. 考核标准

电动机制动 PLC 控制电路调试考核标准如表 3-9 所示。

表 3-9　电动机制动 PLC 控制电路调试考核标准

项目内容	分数	扣分标准	得分
控制电路连接	10	(1) 不按电路接线图连接，扣 10 分； (2) 接线不符合工艺要求，每处扣 1 分； (3) 整体走线不合理、不美观，酌情扣分	
控制电路编程	40	(1) 使用编程软件错误，扣 20 分； (2) 程序编译不通过，每次扣 5 分； (3) 程序不能完成下载，每次扣 5 分； (4) 程序设计与 I/O 地址分配表不对应，扣 10 分； (5) 程序功能错误，扣 30 分	
通电试车	40	(1) 第一次通电试车不成功，扣 20 分； (2) 第二次通电试车不成功，扣 30 分； (3) 第三次通电试车不成功，扣 40 分	
安全操作	10	(1) 不遵守实训室规章制度，扣 10 分； (2) 未经允许擅自通电，扣 10 分	
合计			

任务 3.5　C650 车床 PLC 控制电路调试

掌握 C650 车床 PLC 控制电路的 PLC 编程并调试；能对 C650 车床 PLC 控制电路进行设计、接线、调试与检修。

1. 继电器控制工作原理

（1）主电路分析。自动空气断路器 QF 将三相交流电源引入，FU1 为主电动机 M1 短路保护用熔断器，FR1 为 M1 过载保护用热继电器；R 为限流电阻，一方面限制反接制动的电流，另一方面在点动时实现降压起动，减小点动时起动电流造成的过载；通过电流互感器 TA 接入电流表来监视主电动机的线电流。KM1、KM2 分别为主电动机正、反转接触器。接触器 KM3 用于点动和反接制动时串入限流电阻 R；主电动机 M1 正反转运行时短接限流电阻 R。KT 与电流表 PA 用于检测运行电流；速度继电器 SR6 在反接制动时，用于主电动机 M1 转速的检测。

冷却泵电动机 M2 通过接触器 KM4 的控制来实现单向连续运转，FU2 为 M2 的短路保护用熔断器，FR2 为其过载保护用热继电器。

快速移动电动机 M3 通过接触器 KM5 控制实现单向旋转短时工作，FU3 为其短路保护用熔断器。

（2）控制电路分析。控制变压器 TC 供给控制电路 110 V 的交流电源，同时还为照明电路提供 36 V 的交流电源，FU5 为控制电路短路保护用熔断器，FU6 为照明电路短路保护用熔断器，车床局部照明灯 EL 由开关 SA 控制。

①主电动机 M1 的点动控制。SB2 为主电动机 M1 的点动控制按钮，按下点动按钮 SB2，电路 1-3-5-7-9-11-4-2（数字为线号，下同）接通，KM1 线圈通电吸合，其常开主触点闭合，主电动机 M1 定子绕组经限流电阻 R 与电源接通（电流表 PA 被 KT 延时断开常闭触点短接），M1 正转降压起动。若 M1 转速大于速度继电器 SR 的动作值 120 r/min，SR-1 常开触点闭合，为点动停止时的反接制动做准备。松开点动按钮 SB2，KM1 线圈断电释放，KM1 常开主触点断开；若 M1 转速大于 120 r/min 时，SR-1 常开触点仍闭合，使 KM2 线圈通电吸合，其常开主触点闭合，M1 接入反相序三相交流电源，并串入限流电阻 R 进行反接制动；当转速小于 100 r/min 时，SR-1 常开触点断开，KM2 线圈断开，反接制动结束，电动机停止。

②主电动机 M1 的正、反转控制。主电动机的正反转分别由正向、反向起动按钮 SB3 与 SB4 控制。正转时，按下起动按钮 SB3，电路 1-3-5-7-15-4-2 接通，KM3、KT 线圈通电吸合，其 KM3 常开主触点闭合，将限流电阻 R 短接。同时电路 1-3-5-27-4-2 接通，使中间继电器 KA 线圈通电吸合；电路 1-3-5-7-13-9-11-4-2 接通，使接触器 KM1 线圈通电吸合，其常开主触点闭合，主电动机 M1 在全电压下正向直接起动。由于 KM1、KA 常开触点闭合，使 KM1 和 KM3 线圈自锁，M1 正向连续旋转。起动完毕，KT 延时时间到（2 s 左右），PA 接入主电路并检测运行电流。

反转与正转控制相类似。按下反向起动按钮 SB4，电路 1-3-5-7-15-4-2 接通，KM3、KT、KA 线圈通电闭合，电路 1-3-5-7-21-23-25-4-2 接通，KM2 线圈通电吸合，KM2 主触点使电动机 M1 反相序接入三相交流电源，电动机 M1 在全电压下反向直接起动。同时，由于 KM2 和 KA 的常开触点闭合，使 KM3、KM2 线圈自锁，获得反向连续旋转。

接触器 KM1 与 KM2 的常闭触点互相串接在对方线圈电路中，实现电动机 M1 正反转的互锁。

③主电动机 M1 的停车制动控制。主电动机停车时采用反接制动。反接制动电路由正反转可逆电路和速度继电器组成。

a. 正转制动。当 M1 正转运行时，接触器 KM1、KM3 和中间继电器 KA 线圈通电吸合，当电动机转速大于 120 r/min 时，速度继电器 SR-1 常开触点闭合，为正转制动作好准备。如需停车时，按下停止按钮 SB1，KM1、KT、KM3、KA 线圈同时断电释放。此时电动机以惯性高速旋转，SR-1 常开触点仍处于闭合状态。当松开停止按钮 SB1 时，使电路 1-3-5-7-17-23-25-4-2 接通，反转接触器 KM2 线圈通电吸合，电动机定子串入电阻 R 接入反相序三相交流电源，主电动机进入反接制动状态，电动机转速迅速下降。当电动机转速小于 100 r/min 时，SR-1 常开触点断开，使 KM2 线圈断电释放，电动机脱离反相序三相交流电源，反接制动结束，电动机自然停车。

b. 反转制动。反转制动与正转制动相似，电动机反转时，速度继电器 SR-2 常开触点闭合。停车时，按下停止按钮 SB1，KM3、KT、KM2、KA 线圈同时断电释放。当电动机转速大于 120 r/min 时，速度继电器 SR-2 常开触点（闭合）使 KM1 线圈通电吸合，电动机 M1 进入反接制动状态，当电动机 M1 转速小于到 100 r/min 时，SR-2 触点断开，KM1 线圈断电释放，电动机脱离三相交流电源，反接制动结束，电动机自然停车。

④冷却泵电动机 M2 的控制。由停止按钮 SB5、起动按钮 SB6 和接触器 KM4 构成冷却泵电动机 M2 单向旋转起动停止控制电路。按下 SB6，KM4 线圈通电并自锁，M2 起动旋转；按下 SB5，KM4 线圈断电释放，M2 断开三相交流电源，自然停车。

⑤刀架快速移动电动机 M3 的控制。刀架快速移动是通过转动刀架手柄压动行程开关 SQ 来实现的。当手柄压下行程开关 SQ 时，接触器 KM5 线圈通电吸合，其常开主触点闭合，电动机 M3 起动旋转，拖动溜板箱与刀架作快速移动；松开刀架手柄，行程开关 SQ 复位，KM5 线圈断电释放，M3 停止转动，刀架快速移动结束。刀架移动电动机为单向旋转，而刀架左、右移动由机械传动实现。

⑥辅助电路。为了监视主电动机的负载情况，在电动机 M1 的主电路中，通过电流互感器 TA 接入电流表。为防止电动机起动、点动时起动电流和停车制动时制动电流对电流表的冲击，线路中接入一个时间继电器 KT，且 KT 线圈与 KM3 线圈并联。起动时，KT 线圈通电吸合，其延时断开的常闭触点将电流表短接，经过一段延时（2 s 左右）后，起动过程结束，KT 延时断开的常闭触点断开，正常工作电流流经电流表，以便监视电动机在工作中电流的变化情况。

3. PLC 控制程序

PLC 控制程序如图 3-64 所示。

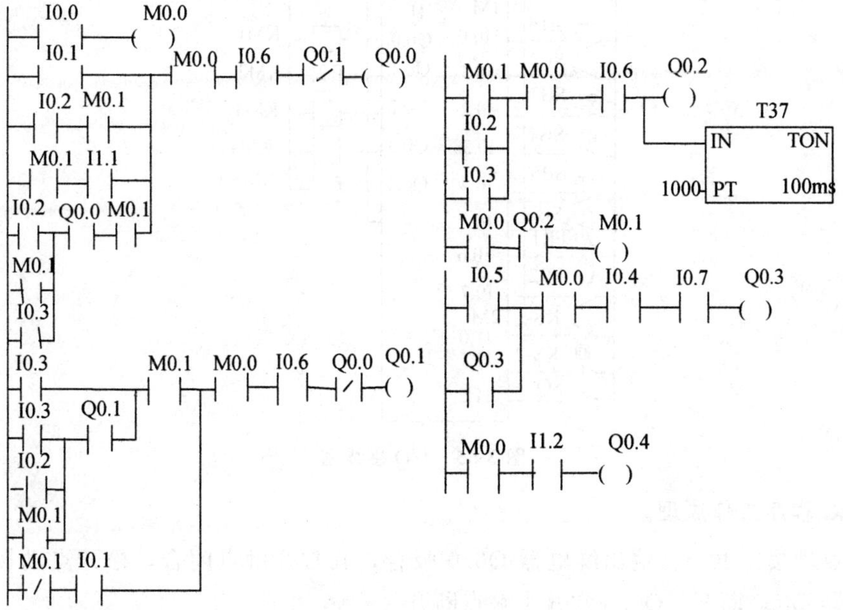

图 3-64　PLC 控制程序

4. I/O 配置表

I/O 配置表如表 3-10 所示。

表 3-10　I/O 配置表

输入信号	I 点号	输出信号	O 点号
冷却泵电动机停止按钮 SB1	I0.0	主轴电动机正转接触器 KM1	Q0.0
冷却泵电动机起动按钮 SB2	I0.1	主轴电动机反转接触器 KM2	Q0.1
主轴电动机正转起动按钮 SB3	I0.2	短路限流电阻 R 接触器 KM3	Q0.2
主轴电动机反转起动按钮 SB4	I0.3	冷却泵电动机起停接触器 KM4	Q0.3
反接制动按钮 SB5	I0.4	快速移动电动机起停接触器 KM5	Q0.4
主轴电动机点动按钮 SB6	I0.5		
主轴电动机过载保护热继电器 FR1	I0.6		
冷却泵电动机过载保护热继电器 FR2	I0.7		
正转反接制动速度继电器 KS-1	I1.0		
反转反接制动速度继电器 KS-2	I1.1		
快速移动电机的限位开关 SQ	I1.2		

5. I/O 接线图

I/O 接线图如图 3-65 所示。

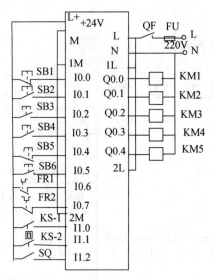

图 3-65 I/O 接线图

6. PLC 程序工作原理

按下点动按钮 I0.1，输出继电器 Q0.0 吸合，其常开触点闭合，松开点动按钮 I0.1，输出继电器 Q0.0 断开，Q0.0 常开主触点断开。

主电动机的正反转分别由正向、反向起动按钮 I0.2 与 I0.3 控制。正转时，按下起动按钮 I0.2，Q0.2、T37 线圈通电吸合，其 Q0.2 常开主触点闭合，将限流电阻 R 短接。使中间继电器 M0.0 线圈通电吸合；使 Q0.0 线圈通电吸合，其常开主触点闭合，主电动机在全电压下正向直接起动。由于 Q0.0、M0.0 常开触点闭合，使 Q0.0 和 Q0.2 线圈自锁，电动机正向连续旋转。起动完毕，T37 延时时间到（2 s 左右），PA 接入主电路并检测运行电流。

反转与正转控制相类似。按下反向起动按钮 I0.3，Q0.2、T37、M0.0 线圈通电闭合，Q0.1 线圈通电吸合，Q0.2 主触点使电动机反相序接入三相交流电源，电动机在全电压下反向直接起动。同时，由于 Q0.1 和 M0.0 的常开触点闭合，使 Q0.2、Q0.3 线圈自锁，获得反向连续旋转。

接触器 Q0.0 与 Q0.1 的常闭触点互相串接在对方线圈电路中，实现电动机正反转的互锁。

1. 任务内容

C650 车床 PLC 控制电路调试。

2. 任务要求

C650 车床 PLC 控制电路调试的任务要求如下。

（1）按照工艺要求对控制电路接线。

（2）能够正确编写调试控制电路的 PLC 程序。

（3）能正确对 PLC 控制电路通电试车。

3. 设备工具

C650 车床 PLC 控制电路调试的设备工具主要有以下几个。

(1) PLC 控制实训台、计算机：1 套。

(2) 三相异步电动机：1 台。

(3) 万用表、电工工具：1 套。

(4) 按钮、接触器等电气元件：1 套。

(5) 导线、U 形线鼻、针形线鼻、套管、线槽、扎带等。

4. 实施步骤

C650 车床 PLC 控制电路调试的实施步骤如下。

(1) 正确选用电气元件、导线、线鼻等器材。

(2) 分配 I/O 地址，绘制 I/O 地址分配表。

(3) 绘制 C650 车床 PLC 控制电路接线图。

(4) 编写控制电路梯形图程序。

(5) 按照控制电路接线图进行配线。要求强电、弱电区分清晰，布线横平竖直，连接牢靠，线号正确，整体走线合理美观。

(6) 认真检查装接完毕的控制电路，核对接线是否正确，连接点是否符合工艺要求，以防止造成电路不能正常工作和短路事故。

(7) 经过指导教师许可后，通电调试程序。通电时指导教师必须在现场监护。

(8) 通电时，注意电源是否正常；按下起动按钮后，观察接触器等元件工作是否正常、动作是否灵活；观察电动机运行是否正常，有无噪声过大等异常现象；检查 PLC 程序工作是否满足功能要求；如果出现故障，学生应独立检查，带电检查时，指导教师必须在现场监护；故障排除后，经指导教师同意可再次通电试车，故障原因及排除记录到任务报告中。

5. 考核标准

C650 车床 PLC 控制电路调试考核标准如表 3-11 所示。

表 3-11　C650 车床 PLC 控制电路调试考核标准

项目内容	分数	扣分标准	得分
控制电路连接	10	(1) 不按电路接线图连接，扣 10 分； (2) 接线不符合工艺要求，每处扣 1 分； (3) 整体走线不合理、不美观，酌情扣分	
控制电路编程	40	(1) 使用编程软件错误，扣 20 分； (2) 程序编译不通过，每次扣 5 分； (3) 程序不能完成下载，每次扣 5 分； (4) 程序设计与 I/O 地址分配表不对应，扣 10 分； (5) 程序功能错误，扣 30 分	
通电试车	40	(1) 第一次通电试车不成功，扣 20 分； (2) 第二次通电试车不成功，扣 30 分； (3) 第三次通电试车不成功，扣 40 分	

（续表）

项目内容	分数	扣分标准	得分
安全操作	10	（1）不遵守实训室规章制度，扣 10 分； （2）未经允许擅自通电，扣 10 分	
合计			

任务 3.6　Z3040 钻床 PLC 控制电路调试

掌握 Z3040 钻床 PLC 控制电路的 PLC 编程并调试；能对 Z3040 钻床 PLC 控制电路进行设计、接线、调试与检修。

1. 继电器控制电路

继电器控制电路，如图 3-66 所示。M1 为主轴电动机，M2 为摇臂升降电动机，M3 为液压泵电动机，M4 为冷却泵电动机，冷却泵 M4 由于功率小，所以由手动开关 SA1 直接控制，主电路电压 380 V 由工厂电网提供两台电动机控制用的交流接触器，其控制电压为 220 V。

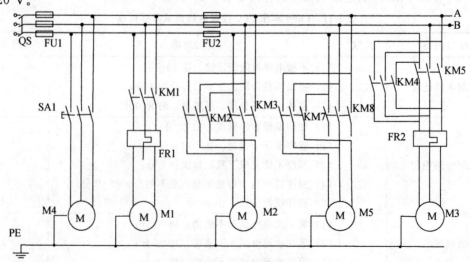

图 3-66　继电器控制电路

2. 继电器控制工作原理

Z3040 型摇臂钻床电气原理，如图 3-66 所示。图中 M1 为主轴电动机，M2 为摇臂升降电动机，M3 为液压泵电动机，M4 为冷却泵电动机。

主轴箱上装有 4 个按钮，由上至下为 SB1、SB2、SB3 与 SB4，它们分别是主轴电动机停止、起动按钮、摇臂上升与下降按钮。主轴箱移动手轮上装有 2 个按钮 SB5、SB6，分别为主轴箱、立柱松开按钮和夹紧按钮。扳动主轴箱移动手轮，可使主轴箱作左右水平移动；主轴移动手柄则用来操纵主轴作上下垂直移动，它们均为手动进给。主轴也可采用机动进给。

(1) 主电路分析刀开关。三相交流电源由自动空气断路器 QF 控制。主轴电动机 M1 旋转由接触器 KM1 控制。主轴的正、反转由机械机构完成。热继电器 FR1 为电动机 M1 的过载保护。摇臂升降电动机 M2 的正、反转由接触器 KM2、KM3 控制实现。

液压泵电动机 M3 由接触器 KM4、KM5 控制实现正反转，由热继电器 FR3 作过载保护。冷却泵电动机 M4 容量为 0.125 kW，由开关 SA1 根据需求控制其起动与停止。

(2) 控制电路分析。

①主轴电动机 M1 的起动控制。按下起动按钮 SB2，KM1 线圈通电并自锁，KM1 常开主触点闭合，M1 全压起动旋转。同时 KM1 常开辅助触点闭合，指示灯 HL3 亮，表明主轴电动机 M1 已起动，并拖动齿轮泵送出压力油，此时可操作主轴操作手柄进行主轴变速、正转、反转等的控制。

②摇臂升降。发出摇臂移动信号→发出松开信号→摇臂移动，摇臂移动到所需位置→夹紧信号→摇臂夹紧

摇臂升降电动机 M2 的控制电路是由摇臂上升按钮 SB3、下降按钮 SB4 及正反转接触器 KM2、KM3 组成具有双重互锁功能的正、反转点动控制电路。液压泵电动机 M3 的正、反转由正、反转接触器 KM4、KM5 控制，M3 拖动双向液压泵，供出压力油，经 2 位六通阀送至摇臂夹紧机构实现夹紧与放松。

③主轴箱与立柱的夹紧、放松控制。主轴箱在摇臂上的夹紧放松与内外立柱之间的夹紧与放松，均采用液压操纵，且由同一油路控制，所以它们是同时进行的。工作时要求 2 位六通电磁阀线圈 YV 处于断电状态，松开由松开按钮 SB5 控制，夹紧由夹紧按钮 SB6 控制，并有松开指示灯 HL1、夹紧指示灯 HL2 指示其状态。

④冷却泵电动机 M4 的控制。冷却泵电动机 M4 由开关 SA1 手动控制，单向旋转，可视加工需求操作 SA1，使其起动或停止。

⑤具有完善的联锁与保护环节。SQ1 和 SQ6 分别为摇臂上升与下降的限位保护。SQ2 为摇臂松开到位开关，SQ3 为摇臂夹紧到位开关。

KT 为升降电动机 M2 断开电源，待完全停止后才开始夹紧的联锁。升降电动机 M2 正反转具有双重互锁，液压泵电动机 M3 正反转具有电气互锁。

立柱与主轴箱松开、夹紧按钮 SB5、SB6 的常闭触点串接在电磁阀线圈 YV 电路中，实现进行立柱与主轴箱松开、夹紧操作时，确保压力油只进入立柱与主轴箱夹紧松开油腔而不进入摇臂松开夹紧油腔的联锁。

熔断器 FU1、FU3 做短路保护，热继电器 FR1、FR2 为电动机 M1、M3 的过载保护。

（3）照明与信号指示电路分析。HL1 为主轴箱与立柱松开指示灯。HL1 亮表示已松开，可以手动操作主轴箱移动手轮，使主轴箱沿摇臂水平导轨移动或推动摇臂连同外立柱绕内立柱回转。

HL2 为主轴箱与立柱夹紧指示灯。HL2 亮表示主轴箱已夹紧在摇臂上，摇臂连同外立柱夹紧在内立柱上，可以进行钻削加工。

HL3 为主轴电动机起动旋转指示灯。HL3 亮表示可以操作主轴手柄进行对主轴的控制。

EL 为机床局部照明灯，由控制变压器 TC 供给 24 V 安全电压，由手动开关 SA2 控制。

3. PLC 控制程序

PLC 控制程序如图 3-67 所示。

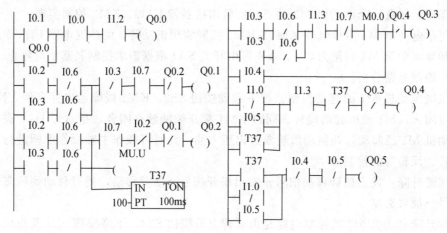

图 3-67　PLC 控制程序

4. I/O 配置表

I/O 配置表如表 3-12 所示。

表 3-12　I/O 配置表

输入信号	I 点	输出信号	Q 点
总序按钮 SB1	I0.0	主轴电机继电器线圈	Q0.0
起动按钮 SB2	I0.1	摇臂升降继电器线圈	Q0.1
上升按钮 SB3	I0.2	液压泵正转继电器线圈	Q0.2
下降按钮 SB4	I0.3	冷却泵继电器线圈	Q0.3
松开按钮 SB5	I0.4	液压泵反转继电器线圈	Q0.4
夹紧按钮 SB6	I0.5	电磁阀线圈 YV	Q0.5
行程开关 SQ1	I0.6		
行程开关 SQ2	I0.7		
行程开关 SQ3	I1.0		
行程开关 SQ4	I1.1		
热继电器常闭	I1.2		
热继电器常闭	I1.3		

5. I/O 接线图

I/O 接线图如图 3-68 所示。

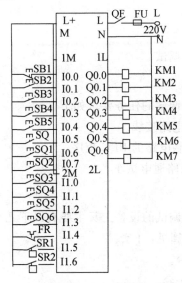

图 3-68 I/O 接线图

6. PLC 程序工作原理

按下起动按钮 I0.1，Q0.0 线圈通电并自锁，Q0.0 常开主触点闭合，电动机全压起动旋转。输出继电器 Q0.0 接通。

摇臂升降电动机的控制电路是由摇臂上升按钮 I0.2、下降按钮 I0.3 及输出继电器 Q0.1、Q0.2 组成具有双重互锁功能的正、反转点动控制电路。液压泵电动机的正、反转由正、反转输出继电器 Q0.3、Q0.4 控制。

按下上升按钮 I0.2，时间继电器 T37 线圈通电吸合，输出继电器 Q0.3 吸合。液压泵电动机 M3 正转起动旋转，其常闭触点 I0.1 断开，使输出继电器 Q0.3 线圈断电，液压泵电动机停止旋转，摇臂处于松开状态；同时 I0.7 常开触点闭合，Q0.1 线圈通电吸合，摇臂升降电动机 M2 正转起动，拖动摇臂上升。

当摇臂上升到预定位置，松开上升按钮 I0.2，Q0.1、T37 线圈断电，M2 依惯性旋至自然停止，摇臂停止上升。断电延时继电器 T37 的经延时后闭合，使 Q0.4 线圈通电吸合，液压泵电动机 M3 反转起动。行程开关 I1.0 常闭触点断开、电磁阀 YV 线圈断电通电释放。

当摇臂夹紧后，活塞杆通过弹簧片压动行程开关 I1.0，使触点 I1.0 断开，Q0.4 线圈断电释放，M3 停止旋转，摇臂夹紧。

摇臂升降的极限保护由组合开关来实现。当摇臂上升（上升极限开关 I0.7）或下降（下降极限开关 I1.7）到极限位置时，使相应常闭触点断开，I0.6（或 I1.3）切断对应的上升或下降接触器 Q0.1（或 Q0.2）线圈电路，使 M2 电动机停止，摇臂停止移动，实现上升、下降的极限保护。

1. 任务内容

Z3040 钻床 PLC 控制电路调试。

2. 任务要求

Z3040 钻床 PLC 控制电路调试的任务要求如下。

（1）按照工艺要求对控制电路接线。

（2）能够正确编写调试控制电路的 PLC 程序。

（3）能正确对 PLC 控制电路通电试车。

3. 设备工具

Z3040 钻床 PLC 控制电路调试的设备工具主要有以下几个。

（1）PLC 控制实训台、计算机：1 套。

（2）三相异步电动机：1 台。

（3）万用表、电工工具：1 套。

（4）按钮、接触器等电气元件：1 套。

（5）导线、U 形线鼻、针形线鼻、套管、线槽、扎带等。

4. 实施步骤

Z3040 钻床 PLC 控制电路调试的实施步骤如下。

（1）正确选用电气元件、导线、线鼻等器材。

（2）分配 I/O 地址，绘制 I/O 地址分配表。

（3）绘制 Z3040 钻床 PLC 控制电路接线图。

（4）编写控制电路梯形图程序。

（5）按照控制电路接线图进行配线。要求强电、弱电区分清晰，布线横平竖直，连接牢靠，线号正确，整体走线合理美观。

（6）认真检查装接完毕的控制电路，核对接线是否正确，连接点是否符合工艺要求，以防止造成电路不能正常工作和短路事故。

（7）经过指导教师许可后，通电调试程序。通电时指导教师必须在现场监护。

（8）通电时，注意电源是否正常；按下起动按钮后，观察接触器等元件工作是否正常、动作是否灵活；观察电动机运行是否正常，有无噪声过大等异常现象；检查 PLC 程序工作是否满足功能要求；如果出现故障，学生应独立检查，带电检查时，指导教师必须在现场监护；故障排除后，经指导教师同意可再次通电试车，故障原因及排除记录到任务报告中。

5. 考核标准

Z3040 钻床 PLC 控制电路调试考核标准如表 3-13 所示。

表 3-13　Z3040 钻床 PLC 控制电路调试考核标准

项目内容	分数	扣分标准	得分
控制电路连接	10	(1) 不按电路接线图连接，扣 10 分； (2) 接线不符合工艺要求，每处扣 1 分； (3) 整体走线不合理、不美观，酌情扣分	
控制电路编程	40	(1) 使用编程软件错误，扣 20 分； (2) 程序编译不通过，每次扣 5 分； (3) 程序不能完成下载，每次扣 5 分； (4) 程序设计与 I/O 地址分配表不对应，扣 10 分； (5) 程序功能错误，扣 30 分	
通电试车	40	(1) 第一次通电试车不成功，扣 20 分； (2) 第二次通电试车不成功，扣 30 分； (3) 第三次通电试车不成功，扣 40 分	
安全操作	10	(1) 不遵守实训室规章制度，扣 10 分； (2) 未经允许擅自通电，扣 10 分	
合计			

任务 3.7　T68 镗床 PLC 控制电路调试

掌握 T68 镗床 PLC 控制电路的 PLC 编程并调试；能对 T68 镗床 PLC 控制电路进行设计、接线、调试与检修。

1. 继电器控制电路

T68 型卧式镗床的控制要求如下。

(1) 主轴旋转与进给量都有较大的调速范围，主运动与进给运动由一台电动机拖动，为简化传动机构采用双速异步电动机拖动。

(2) 由于各种进给运动都需正、反方向的运转，要求主电动机能正、反转。

（3）为满足加工过程中调整工作的需要，主电动机应能实现正、反转的点动控制。

（4）要求主轴停车迅速、准确，主电动机应有制动停车环节。

（5）为便于主轴变速和进给变速时齿轮啮合，应有变速低速冲动。

（6）为缩短辅助时间，各进给方向均能快速移动，快速移动电动机且采用正、反转的点动控制方式。

（7）主电动机为双速电动机，有高、低两种速度供选择，高速运转时应先经低速再进入高速。

（8）由于卧式镗床运动部件多，应有必要的联锁和保护环节。

如图 3-69 所示为 T68 镗床的继电器电气控制电路图。

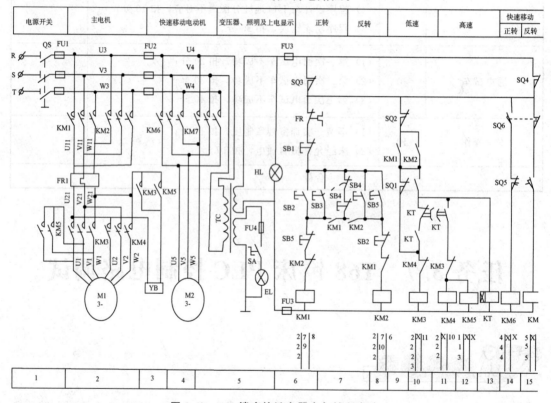

图 3-69　T68 镗床的继电器电气控制电路

2. 继电器控制工作原理

（1）主电路分析。T68 型卧式镗床由两台电动机拖动。

三相电源由自动空气断路器 QF 引入，熔断器 FU1 为电路的总短路保护，也为主轴电动机 M1 的短路保护，熔断器 FU2 为进给电动机与变压器 TC 的短路保护。

①主轴电动机 M1 为三角形－双星形接法的双速笼型异步电动机，由接触器 KM1、KM2 控制它的正、反转电源的通断；低速时由接触器 KM6 控制，将定子绕组接成三角形；高速时由 KM7、KM8 控制，将定子绕组接成双星形。高、低速转换由行程开关 SQ 控制。

②主轴箱、工作台与主轴由快速移动电动机 M2 拖动实现其快速移动，由接触器

KM4、KM5 控制它正、反转电源的通断。它们之间的机动进给有机械和电气联锁保护。由于快速进给电动机 M2 为短期工作，故不设过载保护。

（2）控制电路分析。三相交流电源由自动空气断路器 QF 经熔断器 FU1、FU2 加在变压器 TC 初级绕组，经降压后输出 110 V 交流电压作为控制电路的电源，36 V 交流电压为机床工作照明灯电源。合上自动空气断路器 QF，6 区电源信号灯 HL 亮，表示控制电路电源电压正常。

行程开关 SQ 为主轴高低速转换开关，SQ 压下为高速。

①主轴电动机正、反转控制。

a. 主轴电动机 M1 低速正转控制。将高、低速变速手柄扳到"低速"挡，行程开关 SQ 断开。由于行程开关 SQ1、SQ3 首先是被压合的，故它们的常开触点闭合，常闭触点断开。按下起动按钮 SB1（主轴电动机 M1 正转），中间继电器 KA1 线圈通电吸合并自锁，其 11 区及 14 区常开触点闭合；KA1（11 区）常开触点闭合，接触器 KM3 线圈通电吸合，电路为 1-2-3-4-5-10-11-12-0（数字为线号，下同），KM3 主触点短接了主轴电动机 M1 中的制动电阻 R；KA1（14 区）常开触点闭合，接触器 KM1 线圈通电吸合，电路为 1-2-3-4-5-18-15-16-0，KM1 常开触点闭合（18 区），KM6 线圈通电吸合；接触器 KM1 接通 M1 正转电源、接触器 KM6 主触点将 M1 绕组接成三角形接法，主轴电动机 M1 低速正转起动运行。按下主轴电动机 M1 的停止按钮 SB6，KA1、KM3、KM1、KM6 线圈断电释放，主轴电动机 M1 制动停止。

b. 主轴电动机 M1 低速反转控制。将高、低速手柄扳到"低速"挡位置。按下反转起动按钮 SB2：中间继电器 KA2 得电吸合并自锁，其 10 区及 15 区的 KA2 常开触点闭合，分别使接触器 KM3、KM2、KM6 线圈得电吸合。KM3 主触点短接了制动电阻 R，接触器 KM2 接通 M1 反转电源、KM6 主触点把 M1 绕组接成三角形接法，主轴电动机 M1 低速反转起动运行。按下停止按钮 SB6，KA2、KM3、KM2、KM6 线圈断电释放，主轴电动机 M1 制动停止。

c. 主轴电动机 M1 高速正转控制。将高、低速变速手柄扳到"高速"挡位置，行程开关 SQ 闭合。按下起动按钮 SB1：中间继电器 KA1 得电闭合，11 区及 14 区的 KA1 常开触点闭合，使得接触器 KM3、KM1、KM6 及时间继电器 KT 得电吸合，主轴电动机 M1 绕组被接成三角形低速起动。经过一定时间后（3 s 左右），时间继电器 KT 在 18 区通电延时常闭触点断开，19 区通电延时常开触点闭合，接触器 KM6 线圈断开释放；同时接触器 KM7、KM8 线圈得电吸合，接触器 KM7、KM8 的主触点将主轴电动机 M1 绕组接成双星形接法高速正转。按下停止按钮 SB6，主轴电动机 M1 制动停止。

d. 主轴电动机 M1 高速反转控制。主轴电动机 M1 的高速反转控制原理及过程与主轴电动机 M1 高速正转控制相同，只不过是将正转起动按钮 SB1 换成反转起动按钮 SB2，中间继电器 KA1 换成 KA2，接触器 KM1 换成 KM2，其他的控制过程同正转控制过程类似，分析省略。

②主轴电动机 M1 制动控制

a. 正转制动控制。当主轴电动机 M1 高、低速正向运行时，主轴转速大于 120 r/min 时，17 区速度继电器 SR-1 常开触点闭合，为主轴电动机 M1 的反接制动做好准备。当需要主轴电动机 M1 停止时，按下主轴电动机 M1 停止按钮 SB6，中间继电器 KA1、接触器 KM3、KM1 断电释放，接触器 KM2（KM6）线圈得电吸合，电路为 1-2-3-4-14-19-20-0。KM2 主触点接通了主轴电动机 M1 的低速反转电源，接触器 KM6 主触点将 M1 绕组接成三角形接法，电动机 M1 串电阻 R 反接制动，转速迅速下降。当转速下降到 100 r/min 时，16 区速度继电器 SR-1 常开触点断开，接触器 KM2、KM6 断电，主轴电动机 M1 完成正转反接制动控制。

b. 反转制动控制。当主轴电动机 M1 高、低速反转运转时，其转速达到 120 r/min 以上时，13 区的速度继电器 SR-2 常开触点闭合，为停车反接制动做好准备。其他的控制过程同正转制动控制类似，分析省略。

c. 主轴电动机 M1 点动控制。按下主轴电动机 M1 正转点动按钮 SB3（14 区）：接触器 KM1、KM6 线圈得电吸合，KM1 主触点接通主轴电动机 M1 正转电源，KM6 主触点将 M1 绕组接成三角形接法，M1 串电阻 R 低速正转点动。同样，按下主轴电动机 M1 反转点动按钮 SB4（16 区）：接触器 KM2、KM6 线圈得电吸合，KM2 主触点接通了主轴电动机 M1 反转电源，KM6 主触点将 M1 绕组接成三角形接法，M1 串电阻 R 反转点动。

d. 主轴与进给变速控制。由行程开关 SQ1、SQ2、SQ3、SQ4、KT、KM1、KM2、KM6 组成主轴与进给变速冲动控制电路。

主轴变速是通过转动变速操作盘，选择合适的转速来进行变速的。主轴变速时可直接拉出主轴变速操作盘的操作手柄进行变速，而不必按下主轴电动机的停止按钮。具体操作过程如下：当主轴电动机 M1 在加工过程中需要进行变速时，设电动机 M1 运行于正转状态（反转时的脉动控制与正转相似），当主轴转速大于 120 r/min 时，速度继电器 SR-1（17 区）常开触点闭合；将主轴变速操作盘的操作手柄拉出，此时 SQ1、SQ2 复位，其 SQ1 常开触点（11 区）断开，接触器 KM3 与时间继电器 KT 线圈断电，KM3 主触点断开，限流电阻 R 串入电动机回路；15 区 SQ1 常闭触点闭合，接触器 KM2 线圈得电吸合，回路为 1-2-3-4-14-19-20-0；KM2 常开触点（19 区）闭合，KM6 线圈得电，回路为 1-2-3-4-14-21-22-0；此时主轴电动机 M1 三角形接法，串电阻 R 反转反接制动。主轴电动机速度迅速下降，当转速小于到 100 r/min 时，速度继电器 SR-1（17 区）常开触点断开，接触器 KM2 线圈断电释放，主轴电动机 M1 停转；同时，接触器 KM1 线圈得电吸合，回路为 1-2-3-4-14-17-15-16-0；则 KM1 主触点接通主轴电动机 M1 电源，M1 低速正转起动。当转速达到 120 r/min 时，速度继电器 SR-1 常闭触点（15 区）断开，主轴电动机 M1 又停转。当转速小于 100 r/min 时，速度继电器 SR-1 常闭触点又复位闭合，主轴电动机 M1 又正转起动。如此反复，直到新的变速齿轮啮合好为止。此时转动变速操作盘，选择新的速度后，将变速手柄压回原位。

进给变速控制过程与主轴变速控制过程基本相似，只不过拉出的变速手柄是进给变速操作手柄，将主轴变速控制中的行程开关 SQ1、SQ2 换成 SQ3、SQ4。其工作过程分析省略。

e. 快速移动进给电动机 M2 的控制。机床工作台的纵向和横向快速进给、主轴的轴向快速进给、主轴箱的垂直快速进给都是由电动机 M2 通过机械齿轮的啮合来实现的。将快速手柄扳至快速正向移动位置，行程开关 SQ7（21、22 区）被压下，21 区常开触点闭合，接触器 KM4 线圈得电闭合，进给电动机 M2 起动正转，带动各种进给正向快速移动。将快速手柄扳至反向位置时压下行程开关 SQ8，行程开关 SQ8（21、22 区）被压下，22 区常开触点闭合，接触器 KM5 线圈得电闭合，进给电动机 M2 反向起动运转，带动各种进给反向快速移动。当快速操作手柄扳回中间位置时，SQ7、SQ8 均不受压，M2 停车，快速移动结束。

f. 联锁环节。主轴箱或工作台机动进给与主轴机动进给的联锁。为了防止工作台或主轴箱机动进给时出现将主轴或平旋盘刀具溜板也扳到机动进给的误操作，设置了与工作台、主轴箱进给操纵手柄有机械联动的行程开关 SQ5，在主轴箱上设置了与主轴、平旋盘刀具溜板进给手柄有机械联动的行程开关 SQ6。M1 主电动机正转与反转之间，高速与低速运行之间，快速移动电动机 M_2 的正转与反转之间均设有互锁控制环节。

3. 辅助电路分析

T68 卧式镗床设有 36 V 安全电压局部照明灯 EL，由开关 SA 手动控制。电路还设有 6.3 V 电源指示灯 HL，表明电路电源电压是否正常。

4. PLC 控制程序

T68 卧式镗床的 PLC 控制程序，如图 3-70 所示。

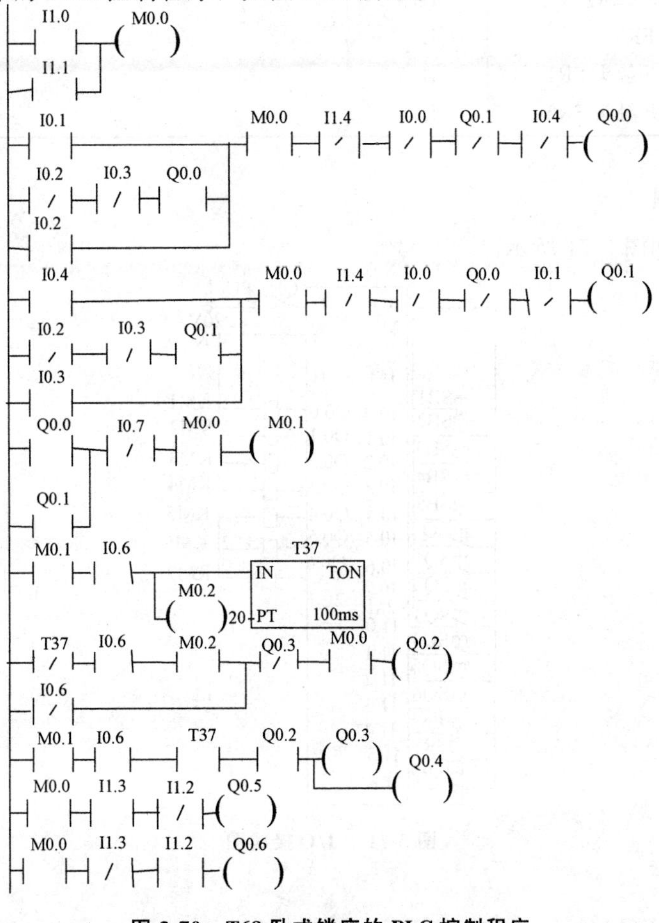

图 3-70 T68 卧式镗床的 PLC 控制程序

5. I/O 配置表

I/O 配置表如表 3-14 所示。

I/O 配置表

现场输入信号	输入地址号	现场输出信号	输出地址号
主轴停止按钮 SB1	I0.0	主轴正转接触器 KM1	Q0.0
主轴正转按钮 SB2	I0.1	主轴反转接触器 KM1	Q0.1
主轴反转按钮 SB3	I0.2	短接制动电阻接触器 KM3	Q0.2
主轴正转点动按钮 SB4	I0.3	主轴低速接触器 KM4	Q0.3
主轴反转点动按钮 SB5	I0.4	主轴高速接触器 KM5	Q0.4
主轴电动机高速档行程开关 SQ	I0.5	M2 正转接触器 KM6	Q0.5
主轴变速行程开关 SQ1	I0.6	M2 反转接触器 KM7	Q0.6
进给变速行程开关 SQ2	I0.7		
进给变速冲动行程开关 SQ3	I1.0		
主轴变速冲动行程开关 SQ4	I1.1		
M2 反转限位行程开关 SQ5	I1.2		
M2 正转限位行程开关 SQ6	I1.3		
热继电器常开触头 FR	I1.4		
速度继电器反转常开触头 SR1	I1.5		
速度继电器正转常开触头 SR2	I1.6		

6. I/O 接线图

I/O 接线图如图 3-71 所示。

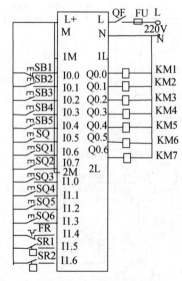

图 3-71 I/O 接线图

7. PLC 程序工作原理

由于行程开关 I0.6、I1.0 首先是被压合的，故它们的常开触点闭合，常闭触点断开。按下起动按钮 Q0.0（主轴电动机 M1 正转），中间继电器 M0.0 线圈通电吸合并自锁，M0.0 常开触点闭合，接触器 Q0.2 线圈通电吸合，Q0.2 主触点短接了主轴电动机 M1 中的制动电阻 R；M0.0 常开触点闭合，接触器 Q0.0 线圈通电吸合，Q0.0 常开触点闭合，Q0.5 线圈通电吸合；接触器 Q0.0 接通 M1 正转电源、接触器 Q0.5 主触点将 M1 绕组接成三角形接法，主轴电动机 M1 低速正转起动运行。按下主轴电动机 M1 的停止按钮 I0.5，M0.0、Q0.2、Q0.0、Q0.5 线圈断电释放，主轴电动机 M1 制动停止。

按下反转起动按钮 I0.1：中间继电器 M0.1 得电吸合并自锁，Q0.1 常开触点闭合，分别使接触器 Q0.2、Q0.1、Q0.5 线圈得电吸合。Q0.2 主触点短接了制动电阻 R，接触器 Q0.1 接通 M1 反转电源、Q0.5 主触点把 M1 绕组接成三角形接法，主轴电动机 M1 低速反转起动运行。按下停止按钮 I0.5，M0.1、Q0.2、Q0.1、Q0.5 线圈断电释放，主轴电动机 M1 制动停止。

行程开关 I0.5 闭合。按下起动按钮 I0.0：中间继电器 M0.0 得电闭合，Q0.0 常开触点闭合，使得接触器 Q0.2、Q0.0、Q0.5 及时间继电器 T37 得电吸合，主轴电动机 M1 绕组被接成三角形低速起动。经过一定时间后（3 s 左右），时间继电器 T37 通电延时常闭触点断开常开触点闭合，接触器 Q0.5 线圈断开释放；同时接触器 Q0.6、Q0.7 线圈得电吸合，接触器 Q0.6、Q0.7 的主触点将主轴电动机 M1 绕组接成双星形接法高速正转。按下停止按钮 I0.5，主轴电动机 M1 制动停止。

1. 任务内容

T68 镗床 PLC 控制电路调试。

2. 任务要求

T68 镗床 PLC 控制电路调试的任务要求如下。

（1）按照工艺要求对控制电路接线。

（2）能够正确编写调试控制电路的 PLC 程序。

（3）能正确对 PLC 控制电路通电试车。

3. 设备工具

T68 镗床 PLC 控制电路调试的设备工具主要有以下几个。

（1）PLC 控制实训台、计算机：1 套。

（2）三相异步电动机：1 台。

（3）万用表、电工工具：1 套。

（4）按钮、接触气等电气元件：1 套。

（5）导线、U 形线鼻、针形线鼻、套管、线槽、扎带等。

4. 实施步骤

T68 镗床 PLC 控制电路调试的实施步骤如下。

（1）正确选用电气元件、导线、线鼻等器材。

（2）分配 I/O 地址，绘制 I/O 地址分配表。

（3）绘制 T68 镗床 PLC 控制电路接线图。

（4）编写控制电路梯形图程序。

（5）按照控制电路接线图进行配线。要求强电、弱电区分清晰，布线横平竖直，连接牢靠，线号正确，整体走线合理美观。

（6）认真检查装接完毕的控制电路，核对接线是否正确，连接点是否符合工艺要求，以防止造成电路不能正常工作和短路事故。

（7）经过指导教师许可后，通电调试程序。通电时指导教师必须在现场监护。

（8）通电时，注意电源是否正常；按下起动按钮后，观察接触器等元件工作是否正常、动作是否灵活；观察电动机运行是否正常，有无噪声过大等异常现象；检查 PLC 程序工作是否满足功能要求；如果出现故障，学生应独立检查，带电检查时，指导教师必须在现场监护；故障排除后，经指导教师同意可再次通电试车，故障原因及排除记录到任务报告中。

5. 考核标准

T68 镗床 PLC 控制电路调试考核标准如表 3-15 所示。

表 3-15　T68 镗床 PLC 控制电路调试考核标准

项目内容	分数	扣分标准	得分
控制电路连接	10	（1）不按电路接线图连接，扣 10 分； （2）接线不符合工艺要求，每处扣 1 分； （3）整体走线不合理、不美观，酌情扣分	
控制电路编程	40	（1）使用编程软件错误，扣 20 分； （2）程序编译不通过，每次扣 5 分； （3）程序不能完成下载，每次扣 5 分； （4）程序设计与 I/O 地址分配表不对应，扣 10 分； （5）程序功能错误，扣 30 分	
通电试车	40	（1）第一次通电试车不成功，扣 20 分； （2）第二次通电试车不成功，扣 30 分； （3）第三次通电试车不成功，扣 40 分	
安全操作	10	（1）不遵守实训室规章制度，扣 10 分； （2）未经允许擅自通电，扣 10 分	
合计			

思考与练习

1. 设计 PLC 程序满足要求：用两个开关控制一个指示灯，要求按下任何一个，灯都会亮并保持。按下停止按钮，停止运行。

2. 设计 PLC 程序满足要求：用两个开关控制一个指示灯，要求两个同时按下，灯才会亮并保持。按下停止按钮，停止运行。

3. 设计 PLC 程序满足要求：按下起动按钮，红灯亮，10 s 后绿灯亮；再过 7 s 后黄灯亮；再过 3 s 转为红灯。按下停止按钮，停止运行。

4. 设计程序要求楼上和楼下（各有一个起动和停止开关）都能控制指示灯的接通和断开。

5. 设计 PLC 程序满足要求：按起动按钮，指示灯以 1 Hz 的频率闪烁，按下停止按钮，停止运行。

6. 设计三人参加的抢答器控制程序。要求：主持人按下开始按钮后进行抢答，先按下抢答按钮的指示灯亮，同时连锁住其他参赛者，只有主持人按下停止按钮时才能将状态复位。

7. 设计 PLC 程序满足要求：用一个开关控制一个灯，按一下，指示灯接通；再按一下指示灯断开。

8. 运料车的控制要求如下，设计 PLC 程序：按下起动按钮，小车在 SQ1 处装料，5 s 后装料结束，开始右行，碰到 SQ2 后停下卸料，5 s 后左行，碰到 SQ1 后又停下装料，这样不停地循环工作。按下停止按钮，小车停止运行。

9. 报警电路程序编写：控制要求如下：I0.0 外接报警起动信号，I0.1 外接报警复位按钮；输出 Q0.0 为报警蜂鸣器，Q0.1 为报警闪烁灯，闪烁效果为报警灯的亮与灭，间隔为 1 s。报警灯闪烁 10 次后，蜂鸣器和指示灯自动断开。

10. 试编写发射灯控制程序。控制要求：按下起动按钮后，按照 A—B—C—D—E—A 的顺序依次点亮，并且重复循环，时间间隔为 1 s。按下停止按钮后，停止工作。

11. 设计 PLC 程序满足要求：一个开关控制 3 盏灯，按 1 下第 1 盏灯亮，再按 2 下第二盏灯亮，再按 3 下第 3 盏灯亮，再按 1 下 3 盏灯全部熄灭。

12. 设计一个包装机控制电路梯形图，要求计数开关每动作 5 次，电机运行 2 s，循环工作，电机运行 5 次后，系统停机。电机有过载和失压保护。

13. 设计 PLC 程序满足要求：一个有 3 条输送带的输送机，分别用 3 台电机 M1、M2、M3 驱动。输送机的控制要求如下：起动时 M1 先起动，延时 5 s 后 M2 起动，再延时 5 s 后 M3 起动。停机时要求 M3 先停机，10 s 后 M2 停机，再过 10 s 后 M1 停机。

项目 4　工业控制常用设备

技能目标

（1）能够完成变压器、各种电动机、变频器等设备的型号参数选择并正确使用；
（2）能够正确检测变压器、各种电动机、变频器等设备的性能。

知识目标

（1）掌握变压器的基本工作原理、结构、分类、性能特点；
（2）掌握各种电动机的基本工作原理、结构、分类、性能特点；
（3）掌握变频器的基本工作原理、结构、分类、性能特点；

任务 4.1　变压器的选择与使用

任务描述

在国民经济的的各个领域，变压器已被广泛应用，从电力的生产、输送、分配到各用电部门，离不开变压器。以电力系统来说，电力变压器就是一个主要电器。电炉设备、整流设备、电焊设备、矿山设备、船舶设备等，都采用专用变压器。此外在实验设备、测量设备、控制设备中，也采用各式各样的变压器。

任务目标

掌握变压器的基本工作原理、结构、分类及优缺点；能选择合适性能参数的变压器并正确使用。

变压器是将一种等级的交流电压变换成频率相同的另一种等级交流电压的静止电气设备。它是根据电磁感应原理制成的一种电气设备，具有变换电压、变换电流和变换阻抗的功能。

变压器是电力系统中不可缺少的重要设备，它用来改变交流电压的大小，把某一等级的交流电压变换成另一等级的交流电压，以满足不同负荷的需要。因此变压器在电力系统和供电系统中占有很重要的地位。

在工业控制线路中，一般是经变压器降压得到的中低电压电路，有的变压器（如隔离变压器）还起到隔离噪声等干扰信号的作用。

4.1.1 变压器的种类

变压器按用途一般分为电力变压器和特种变压器两大类。

1. 电力变压器

电力变压器可以按用途、相数、绕组数及其结构形式、铁芯与绕组的组合结构、调压方式、绝缘介质、中性点绝缘水平、冷却方式等的不同进行分类。

2. 特种变压器

特种变压器可分为整流变压器、电炉变压器、高压试验变压器、控制变压器等。

4.1.2 变压器的结构

虽然变压器种类繁多、形状各异，但其基本结构是相同的。变压器的主要组成部分是铁芯和绕组。

1. 铁芯

铁芯是变压器中主要的磁路部分。通常由含硅量较高，厚度为 0.35 mm 或 0.5 mm，表面涂有绝缘漆的热轧或冷轧硅钢片叠装而成，铁芯分为铁芯柱和铁轭两部分，铁芯柱套有绕组；铁轭闭合磁路之用，铁芯构成变压器的磁路。按照铁芯的形状不同，变压器可分为口型、EI 型、F 型、C 型等，图 4-1 为常见的变压器铁芯的形状。通常由含硅量较高，厚度为 0.35 mm 或 0.5 mm，表面涂有绝缘漆的热轧或冷轧硅钢片叠装而成。

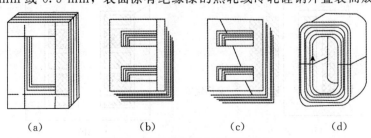

（a）　　　　　　（b）　　　　　　（c）　　　　　　（d）

图 4-1　常见的变压器铁芯的形状

（a）口型；b）EI 型；（c）F 型；（d）C 型

按铁芯和绕组的组合结构，通常又把变压器分为芯式和壳式两种，图 4-2（a）为芯式铁芯的变压器，其绕组套在铁芯柱上，芯式变压器的绕组套在铁芯柱上，结构较简单，绕组的装配和绝缘都比较方便，且用铁量少，因此多用于容量较大的变压器，如电力变压器。图 4-2（b）所示为壳式铁芯的变压器，铁芯把绕组包围在中间，常用于小容量的变压器中。壳式变压器的铁芯把绕组包围在中间，故不要专门的变压器外壳，但它的制造工艺复杂，用铁量较多，常用于小容量的变压器中，如电子线路中的变压器多采用壳式结构。

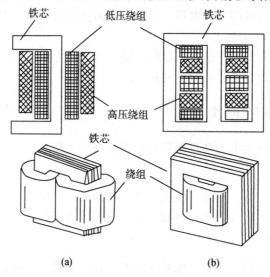

图 4-2　变压器的铁芯结构

（a）芯式结构；（b）壳式结构

2. 绕组

绕组是变压器电路的主体部分，我们把变压器与电源相接的一侧称为"原边"，相应的绕组称为原绕组（或一次绕组、初级），其电磁量用下标数字"1"表示；而与负载相接的一侧称为"副边"，相应的绕组称为副绕组（或二次绕组、次级），其电磁量用下标数字"2"表示。

绕组通常用绝缘的铜线或铝线绕制，一般小容量变压器的绕组用高强度漆包线绕制而成，大容量变压器可用绝缘扁铜线或铝线绕制。绕组的形状有筒型和盘型两种，如图 4-3 所示。

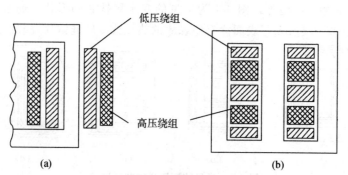

图 4-3　变压器的绕组

（a）筒型；（b）盘型

根据变压器的高压绕组与低压绕组的相对位置，绕组又可分为同心式与交叠式两种。同芯式绕组适用于芯式变压器，同芯式绕组根据制造方法的不同，又可分为圆筒式、螺旋式、连续式和纠结式等，同芯式绕组的几种形式，如图4-4所示。

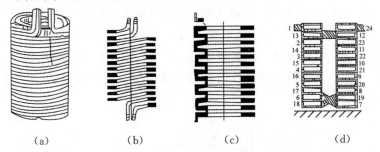

（a）　　　　　　　（b）　　　　　　　（c）　　　　　　　（d）

图4-4　同芯式绕组的几种形式

（a）圆筒式；（b）螺旋式；（c）连续式；（d）纠结式

高压绕组电压高，绝缘要求高，如果高压绕组在内，离变压器铁芯近，则应加强绝缘，提高了变压器的成本造价。因此，为了绝缘方便，低压绕组紧靠着铁芯，高压绕组则套装在低压绕组的外面。两个绕组之间留有油道，既可以起绝缘作用，又可以使油把热量带走。在单相变压器中，高、低压绕组均分为两部分，分别缠绕在两个铁芯柱上，两部分既可以串联又可以并联。三相变压器属于同一相的高、低压绕组全部缠绕在同一铁芯柱上。

3. 其他结构部件

变压器的器身放在装有变压器油的油箱内。变压器油既是一种绝缘介质，又是一种冷却介质。为使变压器油能长久地保持良好状态，在变压器油箱上面装有圆筒形的储油柜。储油柜通过连通管与油箱相通，柜内油面高度随着油箱内变压器油的热胀冷缩而变动，储油柜使油与空气的接触面积减小，从而减少油的氧化和水分的侵入。另外气体继电器和安全气道是在故障时保护变压器安全的辅助装置。

只有绕组和铁芯的变压器称为干式变压器，大容量变压器的器身放在盛有绝缘油的油箱中，这样的变压器称为油浸式变压器。油浸式变压器主要附件有油枕、干燥器、防爆开关、气体继电器等。

4.1.3　单相变压器

1. 单相变压器的基本结构

单相变压器主要由铁芯和绕组两个基本部分组成。一般小功率单相变压器多采用壳式结构，容量较大的单相变压器常采用芯式结构。

2. 单相变压器的工作原理

变压器是一种静止的电机，它利用电磁感应原理将一种电压、电流的交流电能转换成同频率的另一种电压、电流的电能。换句话说，变压器就是实现电能在不同等级之间进行转换。

变压器的工作原理，以最基本的单相双绕组变压器为例，由于变压器的工作原理涉及电路、磁路以及它们的相互联系等方面的问题，比较复杂。为了便于分析，在此把它们分为变压、变流、变阻抗三种情况来讨论。

如图 4-5 是单相变压器的工作原理图，图中，在闭合的铁芯上，绕有两个互相绝缘的绕组，其中，接入电源的一侧叫一次侧绕组，输出电能的一侧叫二次侧绕组。当交流电源电压 U_1 加到一次侧绕组后，就有交流电流 I_1 通过该绕组，在铁芯中产生交变磁通 Φ。这个交变磁通不仅穿过一次侧绕组，同时也穿过二次侧绕组，两个绕组中分别产生感应电势 E_1 和 E_2。这时，如果二次侧绕组与外电路的负载接通，便有电流 I_2 流入负载，即二次侧绕组有电能输出。

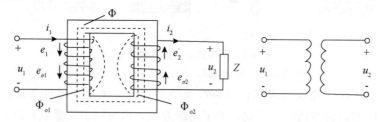

图 4-5 单相变压器的工作原理

它有一个铁芯（提供磁通的闭合路径）和高、低压两个绕组，其中接电源的绕组为原绕组，匝数为 N_1，其电压 u_1，电流 i_1，主磁电动势 e_1，漏磁电动势 $e_{\sigma1}$；与负载相接的绕组为副绕组，匝数为 N_2，电压 u_2，电流 i_2，主磁电动势 e_2，漏磁电动势 $e_{\sigma2}$。图中标明的是它们的参与方向

（1）变压器的变压原理（变压器的空载运行）。变压器的空载运行是指原绕组接在正弦交流电源 u_1 上，副绕组开路不接负载（$i_2 = 0$）。

在电压 u_1 的作用下，原绕组中有电流 i_1 通过，此时，$i_1 = i_0$ 称为空载电流。它在原边建立磁动势 $i_0 N_1$，在铁芯中产生同时交链着原、副绕组的主磁通 Φ，主磁通 Φ 的存在是变压器运行的必要条件。

由图 4-5 得原、副绕组的电压方程分别为

$$U_1 = R_1 I_1 + jX_{01} I_1 - E_1 \tag{4-1}$$

$$U_2 = E_2 - R_2 I_2 - jX_{02} I_2 \tag{4-2}$$

忽略电阻 R_1 和漏抗 $X_{\sigma1}$ 的电压，且变压器空载时，则有

$$U_1 \approx -E_1 \qquad\qquad U_2 \approx E_2$$

有效值关系为

$$U_1 \approx E_1 = 0.44 f N_1 \Phi_m \tag{4-3}$$

$$\frac{U_1}{U_2} \approx \frac{E_1}{E_2} = \frac{N_1}{N_2} = k \tag{4-4}$$

式中　f—电源频率，Hz，工频为 50 Hz；

N_1——次侧绕组匝数，匝；

N_2—二次侧绕组匝数，匝。

由此可以得出，原边电压 U_1 与副边电压 U_2 之间的关系为

$$\dot{U}_2 \approx \dot{E}_2 \tag{4-5}$$

在负载状态下，由于副绕组的电阻 R_2 和漏抗 $X_{\sigma2}$ 很小，其上的电压远小于 E_2，仍有

$$\dot{U}_2 \approx \dot{E}_2$$

$$I_1N_1 + I_2N_2 = I_0N_1 \tag{4-6}$$

式中，k 称为变压器的变压比（简称变比），该式表明变压器原、副绕组的电压与原副绕组的匝数成正比。当 $K>1$ 时，为降压变压器；当 $K<1$ 时，为升压变压器。对于已经制成的变压器而言，K 值一定，故副绕组电压随原绕组电压的变化而变化。

（2）变压器的变流原理（变压器的负载运行）

变压器的原绕组接在正弦交流电源 u_1 上，副绕组接上负载的运行情况，称为变压器的负载运行。

接上负载后，副绕组中便有电流 i_2 通过，建立副边磁动势 i_2N_2。根据楞次定律，i_2N_2 将有改变铁芯中原有主磁通 Φ 的趋势。但是，在电源电压 u_1 及其频率 f 一定时，铁芯具有恒磁通特性，即主磁通 Φ 将基本保持不变。因此，原绕组中的电流由 i_0 变到 i_1，使原边的磁动势由 i_0N_1 变成 i_1N_1，以抵消副边磁动势 i_2N_2 的作用。也就是说变压器负载时的总磁动势应该与变压器空载时的磁动势基本相等。

由 $U_1 \approx E_1 = 4.44N_1f\Phi_m$ 可知，U_1 和 f 不变时，E_1 和 Φ_m 也都基本不变。因此，有负载时产生主磁通的原、副绕组的合成磁动势 $(i_1N_1 + i_2N_2)$ 和空载时产生主磁通的原绕组的磁动势 i_0N_1 基本相等，即

$$i_1N_1 + i_2N_2 = i_0N_1 \qquad \frac{I_1}{I_2} = \frac{N_2}{N_1} = \frac{1}{k}$$

空载电流 i_0 很小，可忽略不计。

$$I_1N_1 \approx -I_2N_2$$

$$\frac{I_1}{I_2} = \frac{N_2}{N_1} = \frac{1}{k} \tag{4-7}$$

式中，负号说明 I_1 和 I_2 的相位相反，即 I_2N_2 对 I_1N_1 有去磁作用。其比例式，说明变压器负载运行时，其原绕组和副绕组电流有效值之比，等于它们匝数比的倒数，即变压比 K 的倒数。这也就是变压器的电流变换原理

（3）阻抗变换。设接在变压器副绕组的负载阻抗 Z 的模为 $|Z|$，则

$$|Z| = \frac{U_2}{I_2} \tag{4-8}$$

Z 反映到原绕组的阻抗模 $|Z'|$ 为

$$\Delta P = P_0 + P_K \tag{4-9}$$

式（4-9）说明以下两点：

①当变压器的副边接入负载阻抗 Z 时，反映（反射）到变压器原边的等效聘阻抗是 $|Z'| = K_2|Z|$，即增大 K_2 倍，这就是变压器的阻抗变换作用。

② 当副边的负载阻抗 $|Z|$ 一定时，通过选取不同的匝数比的变压器，在原边可得到不同的等效阻抗 $|Z'|$。因此，在一些电子设备中，为了获得最大的功率输出，可以利用变压器将负载的阻抗变换到正好等于电源的内阻抗，即"阻抗匹配"。

3. 单相变压器的连接组

连结组是变压器运行中的一个重要概念。通过研究单相变压器的连接组，在此基础上为三相变压器的连接组学习打好基础。

(1) 单相变压器原边、副边绕组首末端标记及连接方法。单相变压器原边绕组的首、末端被标记为 U、X；把副边绕组的首、末端标记为 u、x，单相变压器的原边、副边绕组缠绕在同一根铁芯柱上，并被同一主磁通所交链，任何时刻两个绕组的感应电动势都会在某一端呈现高电位的同时，在另外一端呈现出低电位。借用电路理论的知识，把原边、副边绕组中同时呈现高电位（低电位）的端点称为同名端，并在该端点旁加 "·" 来表示。

(2) 单相变压器连接组的确定。按照惯例，统一规定原边、副边绕组感应电动势的方向均从首端指向末端。一旦两个绕组的首、末端定义完之后，同名端便唯一由绕组的绕向决定。当同名端同时为原边、副边绕组的首端（末端）时，E_{ux} 和 E_{ux} 同相位，用连接组 I/I-12 表示，如图 4-6 所示；否则，E_{ux} 和 E_{ux} 相位相差 180°，用连接组 I/I-6 表示，如图 4-7 所示。

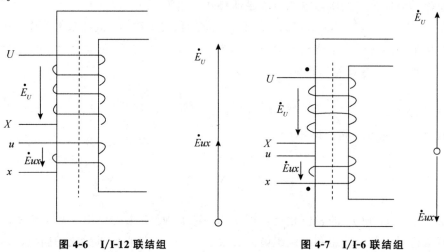

图 4-6　I/I-12 联结组　　　　　　　　图 4-7　I/I-6 联结组

由此可见，单相变压器原边、副边感应电动势的方向存在两种可能：同为电动势升（降）；一个为电动势升，另一个为电动势降。

4.1.4　变压器的性能参数

1. 外特性

外特性是指副绕组电压 U_2 与副绕组电流的变化关系，如图 4-8 所示。电压变化率反映电压 U_2 的变化程度。通常希望 U_2 的变动愈小愈好，一般变压器的电压变化率约在 5% 左右。用下式表示为

$$\Delta U = \frac{U_{20} - U_2}{U_{20}} \times 100\% \tag{4-10}$$

式中，U_{20} 为空载时变压器副绕组电压；U_2 为满载时变压器副绕组电压。

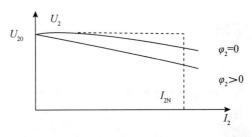

图 4-8　变压器的外特性曲线

2. 损耗与效率

变压器在运行时存在两种损耗：铜损和铁损。

（1）变压器的铁损 P_0。变压器一次侧加有交变电压时，铁芯中产生交变的磁通，从而在铁芯中产生磁滞与涡流损耗总称变压器的铁损。铁损包括磁滞损耗和涡流损耗。

变压器空载运行时损耗为

$$P_0 = I_0^2 R_t + \Delta P_0 \tag{4-11}$$

由于空载电流 I_0 和一次绕组电阻 R_1 都比较小，所以 $I_{02} R_1$ 可以忽略不计，因此变压器的空载损耗主要是铁损。当电源电压一定时，铁损基本不变，而与负载电流的大小和性质无关。

（2）变压器的铜损 P_K。由于变压器一、二次绕组都有一定的电阻（R_1、R_2），当有电流通过时，就要产生一定的功率和电能损耗，这就是铜损。

$$P_K = I_1^2 R_t + I_2^2 R_2 \tag{4-12}$$

因此变压器的铜损的大小主要取决于负载电流的大小。

（3）变压器的效率：输出功率 P_2 与输入功率 P_1 的百分比

$$\eta = \frac{P_2}{P_1} \times 100\% = \frac{P_2}{P_2 + \Delta P} \times 100\% \tag{4-13}$$

式中

$$\Delta P = P_0 + P_K$$

当变压器输出功率为零时，效率也为零；随着输出功率的增加，效率也上升，直至最大值，然后又降低。这是因为，变压器的铁损基本上不变，而铜损则与负荷电流的平方成正比，当负荷电流大到一定程度后，铜损很快增大使得效率下降。实验证明，当变压器的铜损与铁损相等时，变压器的效率达到最大值。

3. 额定值

（1）额定电压 U_N：指变压器副绕组空载时各绕组的电压，三相变压器是指线电压。

（2）额定电流 I_N：指允许绕组长时间连续工作的线电流。

（3）额定容量 S_N：在额定工作条件下变压器的视在功率。

单相变压器的额定值为

$$S_N = U_{2N} I_{2N} \approx U_{1N} I_{1N} \tag{4-14}$$

三相变压器的额定值为

$$S_N = \sqrt{3} U_{2N} I_{2N} \approx \sqrt{3} U_{1N} I_{1N} \tag{4-15}$$

4.1.5 其他变压器

1. 自耦变压器

如图 4-9 是自耦变压器实物及出线示意图。

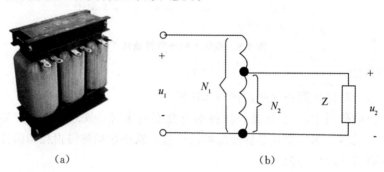

（a） （b）

图 4-9 自耦变压器示意图

（a）自耦变压器实物；（b）自耦变压器出线示意图

它的结构特点是：副绕组是原绕组的一部分，原、副绕组不但有磁的联系，也有电的联系。它在实验室或某些电子设备中经常用到。使用时注意要原、副绕组的公共端应接零线，以保正用电安全。自耦变压器的原理与普通电力变压器相同，原、副绕组的电压和电流关系如下

$$\frac{U_1}{U_2} = \frac{N_1}{N_2} = K \tag{4-16}$$

$$\frac{I_1}{I_2} = \frac{N_2}{N_1} = \frac{1}{K} \tag{4-17}$$

2. 仪用互感器

配合测量仪表专用的变压器称为仪用互感器，简称互感器，如图 4-10 所示。是配电系统中供测量和保护用的设备，它们的工作原理和变压器相似，是把高电压设备和母线的运行电压、大电流即设备和母线的负荷或短路电流按规定比例变成测量仪表、继电保护及控制设备的低电压和小电流。根据用途的不同，互感器有电压互感器和电流互感器两种。电压互感器可扩大交流电压表的量程，电流互感器可扩大交流电流表的量程。

图 4-10 仪用互感器实物

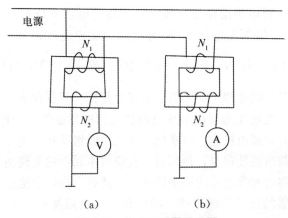

图 4-11　仪用互感器原理图

(a) 电压互感器；(b) 电流互感器

(1) 电压互感器。电压互感器又称仪表变压器，也称 PT 或 TV，工作原理、结构和接线方式都与普通变压器相同。

电压互感器主要由铁芯、一次绕组、二次绕组组成，电压互感器一次绕组匝数较多，二次绕组匝数较少，使用时一次绕组与被测量电路并联，二次绕组与测量仪表等电压线圈并联。如图 4-11 (a) 所示是一电压互感器原理图，其原绕组匝数很多，并联于待测电路两端；副绕组匝数较少，与电压表及电度表、功率表、继电器的电压线圈并联。电压互感器用于将高电压变换成低电压，使用时副绕组不允许短路。其工作原理为

$$\frac{U_1}{U_2} = \frac{N_1}{N_2} = K \tag{4-18}$$

电压互感器原理图如图 4-12 所示。

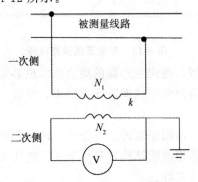

图 4-12　电压互感器原理图

电压互感器原边绕组并接于被测量线路。副边接有电压表，相当于一个副边开路的变压器。电压互感器按其绝缘结构形式，可分为干式、浇注式、充气式、油浸式等几种；根据相数可分为单相和三相；根据绕组数可分为双绕组和三绕组。

电压互感器的特点如下。

①与普通变压器相比，容量较小，类似一台小容量变压器。

②副边负荷比较恒定，所接测量仪表和继电器的电压线圈阻抗很大，因此，在正常运行时，电压互感器接近于空载状态。

电压互感器的原、副边绕组额定电压之比，称为电压互感器的额定电压比。即 $k = U_1N/U_2N$，其中原边绕组额定电压 U_1N 是电网的额定电压，且已标准化，如 10、35、110、220kV 等，副边电压 U_2N，则统一定为 100（或 $\dfrac{100}{\sqrt{3}}$）V，所以 k 也就相应地实现了标准化。为安全起见，副边绕组必须有一点可靠接地，并且副边绕组绝对不能短路。

（2）电流互感器。电流互感器也是按电磁感应原理制成的，也称 CT 或 TA。它的构造与普通变压器相似，主要由铁芯、一次绕组和二次绕组等几个主要部分组成。所不同的是电流互感器的一次绕组匝数很少，使用时一次绕组串联在被侧线路里。而二次绕组匝数较多，与侧量仪表和继电器等电流线圈串联使用。其原边绕组串接于被测线路中，副边绕组与测量仪表或继电器的电流线圈串连，副边绕组的电流按一定的变比反应原边电路的电流。

如图 4-13 所示是一电压互感器原理图，它的原绕组线径较粗，匝数很少，与被测电路负载串联；副绕组线径较细，匝数很多，与电流表及功率表、电度表、继电器的电流线圈串联。用于将大电流变换为小电流。使用时副绕组电路不允许开路。其工作原理为

$$\frac{I_1}{I_2} = \frac{N_2}{N_1} = \frac{1}{K} \tag{4-19}$$

被测量线路一次侧

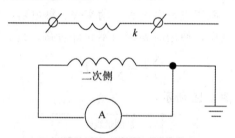

二次侧

图 4-13　电流互感器原理图

与电压互感器的情况相似，电流互感器的副边绕组也必须有一点接地。由于作为电流互感器负载的电流表或继电器的电流线圈阻抗都很小，所以，电流互感器在正常运行时接近于短路状态。

电流互感器的种类很多，根据安装地点可分为户内式和户外式；根据安装方式可分为穿墙式、支持式和套管式；根据绝缘结构可分为干式、浇注式和油浸式；根据原边绕组的结构型式可分为单匝式和多匝式等。

电流互感器的特点如下。

①原边绕组串联在被测线路中，并且匝数很少，因此，原边绕组中的电流完全取决于被测电路的负荷电流，而与副边电流无关。

②电流互感器副边绕组所接电流表或继电器的电流线圈阻抗都很小，所以正常情况下，电流互感器在近于短路状态下运行。

电流互感器原边、副边额定电流之比，称为电流互感器的额定互感比：$k = I_1N/I_2N$，因为原边绕组额定电流 I_1N 已标准化，副边绕组额定电流 I_2N 统一为 5（或 1、0.5）A，所以电流互感器额定互感比也标准化了。

为安全起见，电流互感器副边绕组在运行中绝对不允许开路，为此，在电流互感器的副边回路中不允许装设熔断器，而且当需要将正在运行中的电流互感器副边回路中仪表设备断开或退出时，必须将电流互感器的副边短接，保证不致断路。

3. 控制变压器

控制变压器：控制变压器和普通变压器原理没有区别，只是用途不同，控制变压器用途广泛，可做升压，亦可做降压用。多用在电子线路中。控制变压器实物如图 4-14 所示。

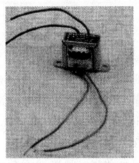

图 4-14　控制变压器实物

4.1.6　变压器常见电气故障及分析

按变压器故障的原因，一般可分为电路故障和磁路故障。电路故障主要指线环和引线故障等，常见的有线圈的绝缘老化、受潮，切换器接触不良，材料质量及制造工艺不良，过电压冲击及二次系统短路引起的故障等。磁路故障一般指铁芯、轭铁及夹件间发生的故障，常见的有硅钢片短路、穿芯螺丝及轭铁夹件与铁芯间的绝缘损坏以及铁芯节接地不良引起的放电等。

变压器在正常运行时，会发出连续均匀的"嗡嗡"声。如果产生的声音不均匀或有其它特殊的响声，就应视为变压器运行不正常。可根据声音的不同查找出故障，进行及时处理。变压器主要有以下几方面故障。

1. 通过声音分析故障

变压器正常运行时，应发出均匀的"嗡嗡"声，这是由于交流电通过变压器线圈时产生的电磁力吸引硅钢片及变压器自身的振动而发出的响声。如果产生不均匀或其它异音，都属不正常的。

（1）电网发生过电压。电网发生单相接地或电磁共振时，变压器声音比平常尖锐。出现这种情况时，可结合电压表计的指示进行综合判断。

（2）变压器过载运行。负荷变化大，又因谐波作用，变压器内瞬间发生"哇哇"声或"咯咯"的间歇声，监视测量仪表指针发生摆动，且音调高、音量大。若发现变压器的负荷超过允许的正常过负荷值时，应根据现场规程的规定降低变压器负荷。

（3）变压器夹件或螺丝钉松动。声音比平常大且有明显的杂音，但电流、电压又无明显异常时，则可能是内部夹件或压紧铁芯的螺钉松动，使硅钢片振动增大所造成的。

（4）变压器局部放电。若变压器的跌落式熔断器或分接开关接触不良时，有"吱吱"

的放电声；若变压器的变压套管脏污，表面釉质脱落或有裂纹存在，可听到"嘶嘶"声；若变压器内部局部放电或电接不良，则会发出"吱吱"或"噼啪"声，而这种声音会随距离故障的远近而变化，这时应对变压器马上进行停用检测。

（5）变压器绕组发生短路。变压器有水沸腾声，且温度急剧变化，油位升高，则应判断为变压器绕组发生短路或分接开关接触不良引起的严重过热，应立即将变压器停用检查。

（6）变压器外壳闪络放电。当变压器绕组高压引起出线或外壳闪络放电时，会出现此声。这时，应对变压器进行停用检查。

2. 绕组故障

绕组故障主要有相间短路、绕组接地、匝间短路、断线及接头开焊等。

（1）相间短路是由于主绝缘老化、有破裂、断折等缺陷；变压器油受潮；线圈内有杂物；短路冲击变形损坏，因此要定期检测低压开关灵敏性、可靠性，防止因电缆短路造成变压器的损坏。不允许带负荷停送变压器。过电压冲击及引线间短路所造成，会使瓦斯、差动、过流保护动作，防爆管爆破。应测量绝缘电阻及吊芯检查。

（2）绕组对地绝缘击穿，是由于绝缘老化、油受潮、线圈内有杂物、短路冲击和过电压冲击所造成，会使瓦斯继电器动作。应测量绕组对油箱的绝缘电阻及做油简化验检查。

（3）匝间短路通常会出现如下情况，一次电流略为增大，二次线电压不稳（时高时低），油温升高或发出"咕嘟咕嘟"的异常声响，严重时高压熔断器熔断（高压断路器跳闸），油枕盖有黑烟检查时发现三相电流电阻不平衡。匝间短路是由于匝间绝缘老化，长期过载，散热不良及自然损坏；短路冲击振动与变形；机械损伤；压装或排列换位不正确等原因造成。匝间短路会使瓦斯继电器内的气体呈灰白色或蓝色；油温增高，重瓦斯和差动保护动作跳闸。

（4）断线是由于接头焊接不良；短路电流冲击或匝间短路烧断导线所致。断线可能使断口放电产生电弧，使油分解，瓦斯继电器动作。应进行吊芯、测量电流和直流电阻进行比较判断或测量绝缘电阻判断。

由于上述种种原因，在运行中一经发生绝缘击穿，就会造成绕组的短路或接地故障。匝间短路时的故障现象是变压器过热油温增高，电源侧电流略有增大，各相直流电阻不平衡，有时油中有吱吱声和咕嘟咕嘟的冒泡声。发现匝间短路应及时处理，因为绕组匝间短路常常会引起更为严重的单相接地或相间短路等故障。

3. 套管故障

这种故障常见的是炸毁、闪落和漏油。其原因有如下几个。

（1）密封不良，电容芯子制造不良，内部发生游离放电，套客脏污严重及瓷件有机械损伤，均会造成套管闪落或爆炸。

（2）呼吸器配置不当或者吸入水分未及时处理。

4. 分接开关故障

常见的故障是表面熔化与灼伤，相间触头放电或各接头放电。其主要原因有以下几个。

（1）连接螺丝松动。

（2）带负荷调整装置不良和调整不当。

（3）分接头绝缘板绝缘不良。

（4）接头焊锡不满，接触不良，制造工艺不好，弹簧压力不足。

（5）油的酸价过高，使分接开关接触面被腐蚀。

1. 任务内容

变压器的选用及检测。

2. 任务要求

变压器的选择与使用的任务要求有如下几个。

（1）正确使用测试仪表。

（2）正确检测变压器各项数据并进行分析。

（3）填写任务报告

3. 设备工具

变压器的选择与使用的设备工具有如下几个。

（1）电工电子实训台：1 套。

（2）小型变压器（220 V/36 V/24 V/6 V）：1 台。

（3）万用表、交流电压表、电流表、兆欧表：各 1 块。

（4）调压器：1 台。

（5）电工工具：1 套。

4. 实施步骤

变压器的选择与使用的实施步骤如下。

（1）接入不同负载，检测变压器的变压、变流、变阻抗数据，将数据填写到表 4-1 中。

表 4-1　变压器的变压、变流、变阻抗数据

负载	一次侧			二次侧		
	U_1/V	I_1/A	ZL/Ω	U_2/V	I_2/A	ZL'/Ω

（2）测量变压器的空载数据，将数据填写到表 4-2 中。

表 4-2　测量变压器的空载数据

序号	试验数据				计算数据	
	U_0/V	I_0/V	P_0/W	U_1/V	$I_0/\%$	$\cos\varphi_0$
1						
2						
3						
4						
5						

（3）测量变压器的短路数据，将数据填写到表 4-3 中。

表 4-3　测量变压器的短路数据

序号	试验数据			计算数据
	UK/V	IK/V	PK/W	$\cos\varphi_K$
1				
2				
3				
4				
5				

5. 考核标准

变压器选用及检测考核标准如表 4-4 所示。

表 4-4　变压器选用及检测考核标准

项目内容	分数	扣分标准	得分
元器件安装及接线	30	（1）元器件安装错误，每处扣 5 分； （2）线路连接错误，每处扣 5 分； （3）线路连接不美观，不利于测量，扣 10 分	
通电测试	40	（1）不能进行通电测试，扣 40 分； （2）通电测试不准确，每处扣 5 分； （3）读数错误，每处扣 5 分	
仪器仪表使用	20	（1）仪器仪表操作不规范，每处扣 10 分； （2）仪表量程选择错误，每处扣 10 分； （3）读数错误，每处扣 5 分	
安全操作	10	（1）不遵守实训室规章制度，扣 10 分； （2）操作过程人为损坏元器件，扣 10 分； （3）未经允许擅自通电，扣 10 分	
合计			

任务 4.2 直流电动机的选择与使用

电机是一种实现机、电能量转换的电磁装置。常见的电机可分为交流电机和直流电机。

根据电磁感应定律，将机械能转变为直流电能的电机称为直流发电机；根据磁场对通电导体的作用力定律，将直流电能转变为机械能的电机称为直流电动机。

直流发电机可作为各种直流电源。直流电动机具有宽广的调速范围、平滑的调速特性、较高的过载能力、较大的起动和制动转矩等特点，广泛应用于对起动和调速要求较高的生产机械（如大型机床、轧钢机、电力机车、起重机、船舶、造纸及纺织行业的机械）。其中小容量的直流电动机还广泛应用于自动控制系统中。

相对交流电机，直流电机还得解决换向和交流的问题，并存在着一些缺点，一是由于存在换向器，其制造复杂，成本较高；二是直流电机在运行时由于电刷与换向器之间易产生火花，因而运行可靠性较差，维护比较困难。对于粉尘比较大、易燃易爆场所，直流电机根本无法应用。所以在一些领域中已被交流变频调速系统所取代。但是直流电机起动和调速性能方面却有其独特的优越性，所以在需要较大起动转矩的生产机械上（如电车、电气机车等）和要求性能高的生产机械（如轧钢机等）上仍然获得广泛应用。

掌握直流电动机的基本工作原理、结构、分类及优缺点；能选择合适性能参数的直流电动机并正确使用。

图 4-15 所示为几个常用的直流电机外形图。本章主要分析直流电动机的基本工作原理、结构、分类及运行中的重要参数，并着重研究他励直流电动机的起动、反转、制动和调速。

图 4-15　直流电机实物图

4.2.1　直流电机工作原理

直流电机是根据磁场对通电导体的作用力定律和电磁感应定律工作的。直接电动机在电源的作用下，电枢绕组的导体中形成电流，载流导体在气隙磁场作用下产生使电枢转动的电磁转矩。由于换向器的作用，导体从一个磁极进入另一个磁极时，导体中的电流方向也必须改变，才能保证电磁转矩的方向不变、电枢转动的方向不变，将电能转换为机械能。

把电刷 A、B 接到一直流电源上，电刷 A 接电源的正极，电刷 B 接电源的负极，根据磁场对通电导体的作用力定律和电磁感应定律，电枢线圈中将有电流流过。

如图 4-16（a）所示，N 极下是线圈的 ab 边，S 极下是线圈的 cd 边，由电磁力定律可知载流的线圈将受到电磁力的推动，由左手定则确定。在图 4-16（a）的情况下，此时位于 N 极下的导体 ab 受力方向为从右向左，而位于 S 极下的导体 cd 受力方向为从左到右。这时导体所受到得电磁力对转轴产生一转矩，这种由于电磁作用产生的转矩称为电磁转矩，电磁转矩的方向为逆时针。当电磁转矩大于阻力矩时，线圈按逆时针方向旋转变为图 4-16（b）；而原来位于 N 极下的导体 ab 转到 S 极下，导体 ab 受力方向发生改变，变为从左向右，该转矩的方向仍为逆时针方向，线圈在此转矩作用下继续按逆时针方向旋转。

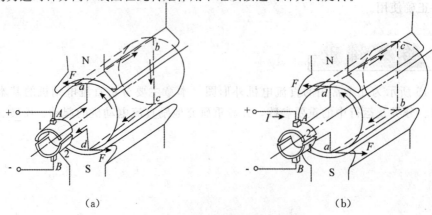

（a）　　　　　　　　　　　　　　　　（b）

图 4-16　直流电动机原理示意图

从以上分析可以看出：一个线圈在随电枢转动一圈的过程中，导体中流通的电流为交变的，但 N 极下的导体受力方向和 S 极下导体受力的方向并未发生变化，电动机在此方向不变的转矩作用下转动。线圈经过两个磁极的交界处时，线圈通过惯性通过这个位置，实际中的直流电动机电枢绕组由多个线圈连接而成，但在转动过程中，处于磁极下的线圈数量不变，电枢所受的电磁转矩也不变，通过电刷与外电路连接的电动势、电流方向也不变。这就是换向器的功用了。

直流电机是以电磁感应定律和电磁力定律作为它的理论基础的。当导体在磁场中作切割磁力线运动时便产生感应电势，而载流导体在磁场中便受到电磁力的作用。如果原动力供给直流电机机械能，拖动电枢旋转，通过电磁感应，便将机械能转换为电能，供给负载，这就是发电机；如果由外部电源供给电机能，通过电磁感应，便将电能转换为机械能，拖动负载转动，这就是电动机。

4.2.2　直流电机的结构

如图 4-17（a）所示，直流电机的所有部件可分为固定和转动两大部分。固定不动的部分叫定子，由主磁极、换向磁极、机座、端盖、轴承、电刷装置等部件组成，主要作用是产生主磁场并起机械支撑作用。转动的部分叫转子，由电枢铁芯、电枢绕组、换向器、风扇、转轴等部件组成。定子、转子之间的间隙称为气隙，其主要作用是产生电磁转矩和感应电动势，是直流电机进行能量转换的枢纽，通常称为电枢。将这些部件组转起来后如图 4-17（b）、图 4-17（c）和图 4-17（d）所示。

端盖　风扇　机壳（内含励磁部分）电枢（转子）　电刷架　端盖

（a）

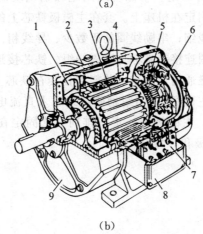

（b）

1—风扇；2—机座；3—电枢；4—主磁极；

5—电刷架；6—换向器 7—接线板；8—出线盒；9—端盖

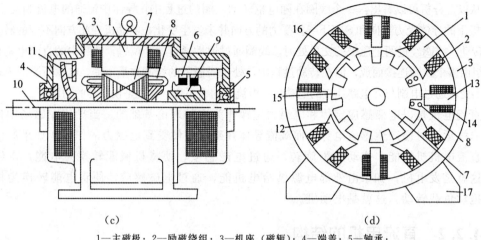

1—主磁极；2—励磁绕组；3—机座（磁轭）；4—端盖；5—轴承；

6—电刷；7—电枢铁芯；8—电枢绕组；9—换向器；10—轴；

11—风扇；12—极掌；13—换向极；14—换向绕组；15—电枢齿；

16—电枢槽；17—底角。

图 4-17　直流电机的结构图

（a）直流电机结构分解图；（b）直流电机内部剖视图；（c）纵剖面图；（d）横剖面图。

1. 固定部分定子

直流电机的固定部分主要由主磁极、换向极、机座、电刷装置等组成，其主要作用是产生主磁场并起机械支撑作用。

（1）主磁极。绝大多数直流电机的主磁极不是用永久磁铁而是由励磁绕组通以直流电流来建立磁场。主磁极由主磁极铁芯和套装在铁芯上的励磁绕组构成，如图 4-18 所示。铁芯用 0.5～1.5 mm 厚的钢板冲片叠压铆紧而成，上面套励磁绕组的部分称为极身，主磁极铁芯靠近转子一端的扩大的部分称为极靴，它的作用是使气隙磁阻减小，改善主磁极磁场分布，并使励磁绕组容易固定。励磁绕组用绝缘铜线绕制而成，励磁绕组套在极身上，再将整个主磁极用螺钉固定在机座上。套在主磁极铁芯上的励磁线圈有并励和串励两种。并励线圈的匝数多、导线细；串励线圈的匝数少、导线粗。直流电机中分别把各个主磁极上的并励或串励励磁线圈连接起来称为励磁绕组。铁芯接近气隙的部分称作极掌，极掌做成弧形是为了使气隙中磁通均匀分布，并能挡住套在铁芯上的线圈。主磁极的作用是产生气隙磁场（一个恒定的主磁场），当给励磁绕组通入直流电流时，铁芯中即产生励磁磁通，并在气隙中建立磁场。主磁极按一定的排列方式固定在机座上，主磁极总是成对的，相邻主磁极的极性按 N 极和 S 极交替排列。

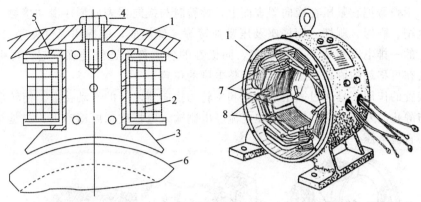

图 4-18 主磁极和机座

1—机座；2—励磁绕组；3—主磁极铁芯；4—磁极固定螺栓；

5—绝缘框架；6—铁芯；7—换向磁极；8—主磁极

（2）换向极。换向极用来改善换向，减小电机运行时电刷与换向器之间可能产生的火花。结构和主磁极相类似，由换向极铁芯和换向极绕组组成，并用螺杆固定在机座上，如图 4-19 所示。换向极也叫附加极或间极，它是安装在两个相邻主磁极之间的一个小磁极。

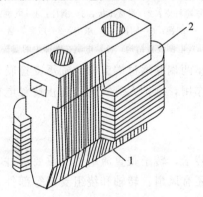

图 4-19 直流电机的换向极

1—换向极铁芯；2—换向极绕组

换向极铁芯一般用整块钢制成，如换向要求较高，则用 1.0～1.5 mm 厚的钢板叠压而成，换向极绕组用绝缘导线绕制而成，套在换向极铁芯上。换向极绕组和电枢绕组相串联的，流过的是电枢电流，所以换向极绕组的匝数少、导线较粗。一般，换向极的数目与主磁极相等。

（3）机座。直流电机的机座有两种形式，一种为整体机座，另一种为叠片机座。整体机座是用导磁率效果较好的铸钢材料制成的，该种机座能同时起到导磁和机械支撑作用。由于机座起导磁作用，因此机座是主磁路的一部分，成为定子铁轭。一般直流电机均采用整体机座。叠片机座主要用于主磁通变化快，调速范围较高的场合。机座通常用铸铁、铸钢或钢板焊接而成。机座的主要作用有 3 个：一是作为磁轭传导磁通，它是电机磁路的一部分；二是用来固定主磁极、换向磁极和端盖等部件；三是借用机座的底脚把电机固定在基础上。机座必须具有良好的导磁性能和机械强度。

（4）电刷装置。如图 4-20 所示。电刷是用碳、石墨等做成的导电块，电刷装在刷握的刷盒内，用弹簧把它紧压在换向器表面上，旋转时与换向器表面形成滑动接触。电刷装置一般由电刷、刷握、刷杆、刷杆座及压紧弹簧等零件构成，刷握用螺钉夹紧在刷杆上。每一刷杆上的一排电刷组成一个电刷组，同极性的各刷杆用连线连在一起，再引到出线盒。刷杆装在可移动的刷杆座上，以便调整电刷的位置。

电刷装置的作用一是通过固定的电刷和旋转的换向器之间的滑动接触，使转动的电枢绕组电路与静止的外部电路相连接，使电流经电刷输入电枢或从电枢输出；二是与换向器配合，获得直流电压。

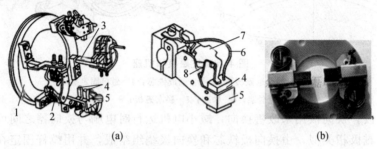

(a)　　　　　　　　　　(b)

图 4-20　电刷装置

1—刷杆座；2—弹簧压板；3—刷杆；4—电刷；

5—刷握；6—刷辫；7—压指；8—压紧弹簧

(a) 电刷装置结构；(b) 电刷在刷握中的安放

(5) 端盖。端盖装在机座两端并通过端盖中的轴承支撑转子，将定转子连为一体。同时端盖对电机内部还起防护作用，维护人身安全，防止接触电机内部器件。端盖一般用铸铁制成

2. 转动部分转子

直流电机的电枢又称为转子，转子是直流电机的重要部件，由电枢铁芯、电枢绕组和换向器等组成。另外转子上还有风扇、转轴和绕组支架等部件。其作用是实现机械能和电能的转换。

(1) 电枢铁芯。电枢铁芯的主要作用有两个：一是作为电机主磁路的一部分，起传导磁通的作用；二是将电枢绕组安放在电枢铁芯的槽内，起支撑作用。

由于铁芯转动时与主磁极间有相对运动，为了降低电机运行时产生的涡流损耗和磁滞损耗，电枢铁芯通常采用 0.5 mm 厚且冲有齿和槽的硅钢冲片叠压而成，装在转轴或转子支架上，电枢铁芯的形状如图 4-21 所示。铁芯的外圆开有电枢槽，槽内嵌放电枢绕组。为改善通风，铁芯可沿轴向分成几段，以构成通风道，用以改善冷却条件。

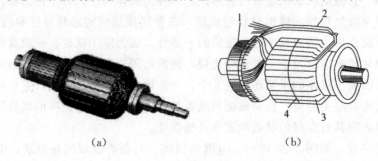

(a)　　　　　　　　　　(b)

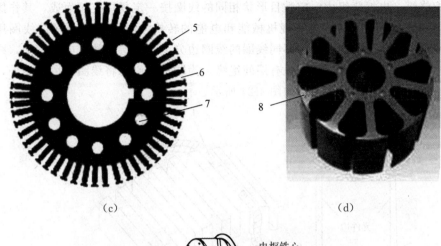

（c）　　　　　　　　　　　（d）

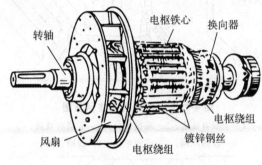

（e）

图 4-21　转子及电枢铁芯冲片

（a）转子外形；（b）转子内嵌线；（c）转子冲片；（d）转子冲片组合；（e）转子主体

（2）换向器。换向器是直流电机特有的装置，在直流电动机中其作用是通过与电刷的摩擦接触，将电刷上的直流电流转换为绕组内的交流电流，以便形成固定方向的电磁转矩。换向器是由许多鸽尾形状的换向片排列成一个圆柱体，片与片之间用厚 0.4～1.2 mm 的云母隔开，且换向片与轴也是绝缘的，两端再用两个 V 形环夹紧。它装在电枢的一端。每一个换向片按一定规律与电枢线圈连接。换向器结构如图 4-22 所示，换向器是直流电动机的重要构造特征。

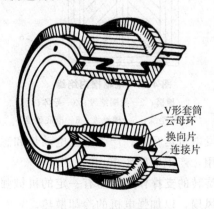

图 4-22　换向器结构

（3）电枢绕组。电枢绕组由一定数目形状相同的线圈按一定规律连接而成，其作用是产生感应电势和通过电流，使电机实现机械能和电能的转换。如图 4-23 所示。线圈用高强度漆包线或玻璃丝包扁铜线绕成。不同线圈的线圈边分上下两层嵌放在电枢槽中，线圈与槽之间有槽绝缘，线圈上下层之间也有层间绝缘，为防止离心力将线圈边甩出槽外，应用非磁性的槽楔将线圈压紧在槽内，如图 4-24 所示。

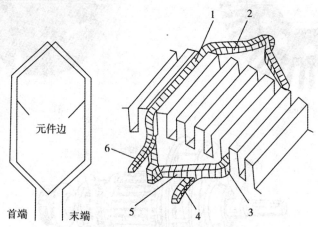

图 4-23　线圈槽内安放示意图

1—上层有效边；2—端接部分；3—下层有效边；
4—线圈尾端；5—层间绝缘；6—线圈首端。

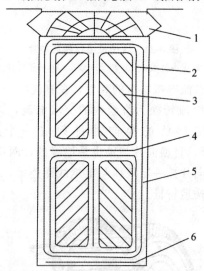

图 4-24　电枢槽内绝缘

1—槽楔；2—线圈绝缘；3—导体；
4—层间绝缘；5—槽绝缘；6—槽底绝缘

电枢绕组的作用：作为发电机运行时，产生感应电动势和感应电流；作为电动机运行时，通电后受到电磁力的作用，产生电磁转矩。

（4）转轴。转轴起电枢旋转的支撑作用，需有一定的机械强度和刚度，一般用圆钢加工而成。此外在轴上还装有风扇，以加强电机的冷却散热。

3. 气隙

定子与转子之间存在有空隙，称为气隙。它的大小和形状对电机性能有很大的影响。气隙的大小跟电机的容量有关，小型电机气隙约为 1～3 mm，大型电机气隙为 10～12 mm。气隙虽小，因空气磁阻较大，在电机磁路系统中有重要作用。

4.2.3 直流电动机的分类和铭牌值

1. 按能量的转换方式分类

根据能量转换方式的不同，直流电机可分为直流发电机和直流电动机。将机械能通过电磁感应转换成电能的直流电机，称为直流发电机；将直流电能通过电磁感应，转换成机械能输出的直流电机称为直流电动机。

2. 按励磁方式分类

电流通过线圈激发磁场，线圈获得励磁电流的方法称为励磁方式。直流电机的性能与励磁方式有密切关系，励磁方式不同，电机的运行特性有很大差异。根据励磁绕组与电枢绕组连接的不同，可以分为：他励电机、并励电机、串励电机和复励电机。

（1）他励式。直流电机的励磁电流由其他直流电源供电的方式叫他励式。

他励方式中，励磁绕组和电枢绕组没有电路上的联系，励磁电流 I_f 由独立的直流电源供电，与电枢电流 I_a 无关。用永久磁铁作主磁极的电机可当作他励电机。对直流电动机来说，如图 4-25 所示，负载电流 I 是指电源输入电动机的电流。

他励直流电机的电枢电流，I_a 与负载电流 I 相等，即 $I_a = I$。

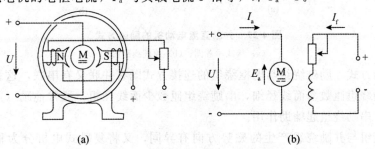

图 4-25 他励直流电动机的励磁方式

（a）接线示意图；（b）原理线路图

（2）串励方式。励磁绕组与电枢绕组的连接方式为串联，再接通直流电源的方式称为串励式。在一般情况下，如图 4-26 所示，励磁绕组与电枢绕组串接于同一外加电源，励磁电流由外加电源提供。串励式直流电动机常用于要求很大起动转矩且转速允许有较大变化的负载等。

串励式中励磁绕组和电枢绕组串联，$I_a = I = I_f$。数值较大，因此，串励绕组匝数很少，导线较粗。

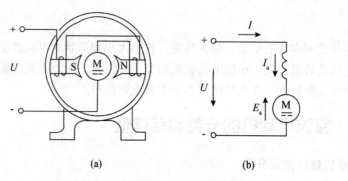

图 4-26　串励直流电动机的励磁方式

（a）接线示意图；（b）原理线路图

（3）并励式。励磁绕组与电枢绕组的连接方式为并联称为并励式。在一般情况下，如图 4-27 所示，励磁绕组与电枢绕组并接于同一外加电源，励磁电压等于电枢电压，励磁绕组匝数多，导线细，电阻较大。励磁电流由外加电源提供，$I_a = I - I_f$。并励式直流电动机一般用于恒压系统。中小型直流电动机多为并励式。

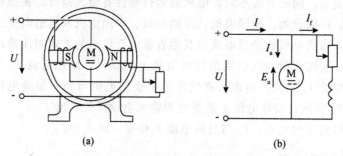

图 4-27　并励直流电动机的励磁方式

（a）接线示意图；（b）原理线路图

（4）复励方式。励磁绕组与电枢绕组的连接方式既有并联又有串联，这种励磁方式为复励式。并励绕组匝数多而线径细，串励绕组匝数少而线径粗，通常他励（或并励）绕组起主要作用，串励绕组起辅助作用。

因串励绕组与并励绕组产生的磁势方向有异同，又将复励式电机分为积复励和差复励。串励绕组产生的磁势与并励磁势方向相同时称为积复励；两者磁势方向相反时称为差复励。图 4-28 所示为复励直流电动机。

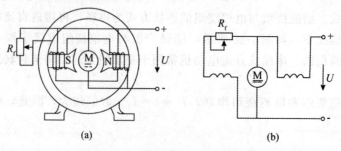

图 4-28　复励直流电动机的励磁方式

（a）接线示意图；（b）原理线路图

为方便读者的比较选用，表 4-5 提供了直流电动机的主要种类、性能特点及应用。

表 4-5　各直流电动机的主要性能特点及应用

直流电动机	他励　并励		串励	复励
主要性能特点及应用举例	机械特性硬、起动转矩大、调速范围宽、平滑性好。主要应用于调速性能要求高的生产机械，如离心泵、风机、金属切削机床、纺织印染、造纸和印刷机械等		机械特性硬度适中、起动转矩大、调速方便。常用于要求很大起动转矩且转速允许有较大变化的负载，如蓄电池供电车、起货机、起锚机、电车、电力传动车等	机械特性软、起动转矩大、过载能力强、调速方便。一般用于起动转矩小，而要求转速平稳的小型恒压驱动系统中，如空气压缩机、冶金辅助传动机械等

3. 直流电动机的铭牌

直流电动机的铭牌用来标注型号和保证直流电机长期可靠地工作的基本参考数据，铭牌标注的基本参数是用户进行试验和使用的依据。电机制造厂按照国家标准，根据电机的设计和试验数据而规定的每台电机的主要数据称为电机的额定值。额定值一般就标在电机的铭牌上或产品说明书上。表 4-6 为某厂生产的 Z2—42 型直流电动机的铭牌数据。

表 4-6　电动机的铭牌

型　号	Z2—42	励磁方式	并　励
额定功率	4.0 kW	励磁电压	220 V
额定电压	220 V	励磁电流	22.70 A
额定电流	13.3 A	定额	连续
额定转速	1 500 r/min	温升	80℃
出厂编号—××××××		出厂日期	×年　×月
×××电机厂			

图 4-29 为电机型号中各个符号的意义。

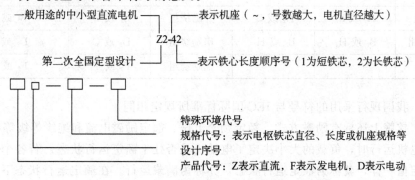

图 4-29　电机型号中各符号意义

（1）额定电压 U_N。额定电压是指电枢绕组能够安全工作对电动机是最大输入电压，对发电机是输出电压，单位为 V（伏）。

（2）额定电流 I_N。额定电流是指电机在额定运行时，电枢绕组允许长期流过的电流，单位为 A（安）。

（3）额定功率 P_N。额定功率是指电机在额定情况下允许输出的功率，对于发电机，是指向负载输出的电功率；对于电动机，是指轴上输出的机械功率。单位是 W 或 kW。直流电动机的额定功率为

$$P_N = U_N I_N \eta_N \tag{4-20}$$

（4）额定转速 $\theta_b = 360°/NE_r$。额定转速是指电机在额定电压、额定电流和额定功率下运行时，电机的旋转速度，单位为 r/min（转/分）。

（5）励磁。励磁是指电机的励磁方式，包含他励、并励、串励和复励等。

（6）励磁电流 I_f。电机产生主磁通所需要的励磁电流，单位是 A。

（7）励磁电压 U_f。电机在额定状态下励磁绕组两端所加的电压，对于自励的并励的电机，励磁电压等于电机的额定电压；对于他励电机，励磁电压要根据使用情况来决定。单位是 V。

（8）定额。定额是指电机按铭牌数值工作时可以连续运行的时间和顺序。定额分为连续定额、短时定额、短续定额 3 种，例如铭牌上标有"连续"，表示电机可不受时间限制连续运行。标有"25％"，则表示电机在一个周期内工作 25％ 的时间，休息 75％ 的时间。

（9）温升 τ_N。温升是表示电机允许发热的一个限度。温升限度取决于电机所使用的绝缘材料。一般将环境温度定为 40℃。例如，温升 80℃，则电机温度不可超过 80℃ ＋ 40℃＝120℃，否则，电机就要缩短使用寿命。温升限度取决于电机采用的绝缘材料。

（10）额定效率 η_N。电机在额定状态工作时，输出功率 P_2 与输入功率 P_1 的百分比值。额定功率与额定电压和额定电流的关系如下：

$$P_N = U_N I_N \eta_N \times 10 - 3kW \tag{4-21}$$

（11）线端标记。国产电动机出线端标记，如表 4-7 所示。

表 4-7　电动机出线端标记图

绕 组 名 称	出线端标记		绕 组 名 称	出线端标记	
	始　端	末　端		始　端	末　端
电枢绕组	A_1 或 S_1	A_2 或 S_2	并励绕组	B_1 或 E_1	B_2 或 E_2
换向极绕组	B_1 或 H_1	B_2 或 H_2	串励绕组	D_1 或 C_1	D_2 或 C_2
			他励绕组	F_1 或 T_1	F_2 或 T_2

说明：我国现行采用的符号与 IEC 国际标准所规定相同。

此外，铭牌上还标有励磁方式、额定励磁电压、额定励磁电流和绝缘等级等参数。

直流电机运行时，负载的大小决定了电动机是否处于额定运行状态。若各个物理量都与它的额定值一样，就称为额定运行状态，亦称为满载运行。在额定运行状态下，电机利用充分，运行可靠，并具有良好的性能。如果流过电机的电流小于额定电流，称为欠载运行；超过额定电流，称为过载运行。长期过载或欠载运行都不好。在欠载运行状态下，电

机利用不充分、效率低。在过载运行状态下，易引起电机过热损坏。根据负载选择电机时，最好使电机接近于额定运行。电机在接近额定的状态下运行，才是经济的。

由于直流电动机具有良好的起动和调速性能，常应用于对起动和调速有较高要求的场合，如大型可逆式轧钢机、矿井卷扬机、龙门刨床、电动机车、大型车床和大型起重机等生产机械中。

4.2.4　直流电动机的电气故障及分析

直流电动机常见的电气故障可分为以下几方面。

1. 电机无法起动

电机无法起动的原因主要有以下几个。

（1）电源电路不通，检查接线端子是否正确，电刷接触是否良好，熔断器是否完好，起动设备是否正常

（2）起动时负载过大或传动机构卡死，减轻负载或消除机械故障

（3）励磁回路断路，检查励磁绕组和磁场变阻器是否断路

（4）起动电流太小，检查电源电压是否过低，起动电阻是否过大

2. 电机绝缘电阻低

电机绝缘电阻低的原因主要有以下几个。

（1）电机绕组和导电部分有灰尘、金属屑、油污物。

（2）绝缘受潮。

（3）绝缘老化。

3. 电机电枢接地

电机电枢接地的原因主要有以下几个。

（1）金属异物使线圈与地接通。

（2）绕组槽部或端部损坏。

4. 电枢绕组短路

电枢绕组短路的原因主要有以下几个。

（1）接线错误。

（2）换向片间或升高片间有焊锡金属物短接。

（3）匝间绝缘损坏。

5. 电枢绕组断路

电枢绕组断路的原因主要有以下几个。

（1）接线错误。

（2）线圈和升高片并头套焊接不量。接触电阻大

（3）线圈和升高片并头套焊接不量。

（4）升高片和换向片焊接不量。

6. 电动机温升过高

电动机温升过高的原因主要有以下几个。

（1）负载过大或长期过载。

（2）电枢线圈短路。

（3）主极线圈短路

（4）电枢铁芯绝缘损坏。

（5）冷却空气量不足，环境温度高，电机内部不清洁。

（6）定转子相擦，可检查定子铁芯是否松动，轴承是否磨损

（7）电压过低或过高。

7. 电动机电流和转速发生剧烈变化

电动机电流和转速发生剧烈变化的原因主要有以下几个。

（1）电刷不在几何中性线处

（2）电动机电源电压波动。

（3）串励绕组或换向极绕组接反。

（4）励磁电流太小或励磁电路有断路。

（5）并励绕组接线不良或断路

（6）串励电动机轻载或空载

（7）电枢绕组存在匝间短路可修理或更换电枢绕组

8. 电机机械震动过大

电机机械震动过大的原因主要有以下几个。

（1）电机的基础不坚固或电机在基础上固定不牢固。

（2）机组、电机轴线定心不正确。

（3）电枢不平衡。

（4）风叶不平衡。

（5）转轴变形。

（6）联轴器未校正。

（7）地基不平或地脚螺丝松动。

9. 滚动轴承发热、有噪声

滚动轴承发热、有噪声的原因主要有以下几个。

（1）轴承内润滑脂充得太满。

（2）滚珠磨损。

（3）轴承与轴配合太松。

10. 滑动轴承发热、漏油

滑动轴承发热、漏油的原因主要有以下几个。

（1）轴径与轴间隙太小，轴瓦研刮不好。

（2）油环停滞，压力润滑系统的油泵有故障，油路不畅通。

（3）油牌号不适合，油内含有杂质和赃物。

（4）油箱内油位太高。

（5）轴承挡油盖密封不好，轴承座上下接合面间隙大。

11. 电刷下火花过大

电刷下火花过大的原因主要有以下几个。

（1 电刷与换向器接触不良。

（2）电刷磨损过短。

（3）电刷压力不当。

（4）电动机过载。

（5）换向器表面不干净。

（6）换向极绕组接反。

（7）电枢绕组有断路或短路。

12. 机壳带电

机壳带电的原因主要有以下几个。

（1）电机受潮可烘干或重新浸漆处理。

（2）绝缘老化可重新浸漆处理。

（3）引线碰壳可用绝缘带包扎处理。

任务4.3　单相异步电动机的选择与使用

由单相交流电源供电的异步电动机称为单相异步电动机。单相异步电动机具有结构简单，成本低廉，噪声小等优点，因此广泛用于工业、农业、医疗和家用电器等方面，最常见的如电风扇、洗衣机、空调等。单相异步电动机与同容量的三相异步电动机比较，体积较大，运行性能较差。因此，一般只制成小容量的电动机。我国现有产品的功率从几瓦到几千瓦。

掌握单相异步电动机的基本工作原理、结构、分类及优缺点；能选择合适性能参数的变压器并正确使用。

4.3.1 单相异步电动机的工作原理及基本结构

1. 工作原理

单相异步电动机的工作原理与三相异步电动机相似,由定子绕组通入交流电产生旋转磁场,转子导体产生感应电压和电流,从而产生电磁转矩使转子转动。

单相异步电动机的定子绕组通以单相电流后,就在绕组轴线方向上产生一个脉动磁场,磁场的强度和方向按正弦规律变化。如图 4-30 所示,当电流在正半周时,磁场方向垂直向下;当电流在负半周时,磁场方向垂直向上,所以说,它是一个脉动磁场。

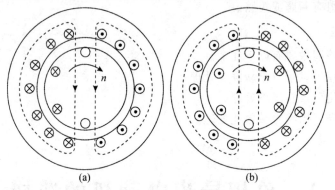

图 4-30 不同时刻磁场随时间的变化

(a) 电流正半周产生的磁场;(b) 电流负半周产生的磁场

这个脉动磁场可以分解为是由两个幅值相同、转速相等,但转向相反的旋转磁场所合成的(每个旋转磁场的幅值为脉动磁场的一半)。下面通过图解的方法来证明此结论,如图 4-31 所示,图中给出了脉振磁场大小随时间变化的正弦曲线和不同瞬间由 Φ_- 和 Φ_+ 合成的磁场 Φ。

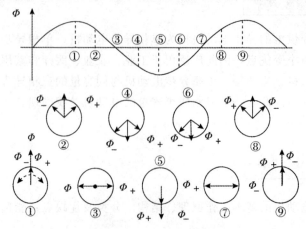

图 4-31 脉振磁场的合成

转子在脉振磁场作用下所受的电磁转矩 T 也就等于两个旋转磁场分别作用下所受电磁转矩 T_- 和 T_+ 的合成。当转子静止时，两个旋转磁场分别在转子上产生两个转矩，其大小相等、方向相反，合成转矩 T 为零，它不能自行起动，这是单相异步电动机的特点。如果用外力使转子顺时针转动一下，此时顺时针方向转矩大于逆时针方向转矩，转子就会按顺时针方向不停地旋转，直到接近同步转速。当然，反方向旋转也是如此。

2. 结构

单相异步电动机在结构上与三相笼形异步电动机类似，转子绕组也为笼形转子。定子上有一个单相工作绕组和一个起动绕组，为了能产生旋转磁场，在起动绕组中还串联了一个电容器，其结构如图 4-32 所示。

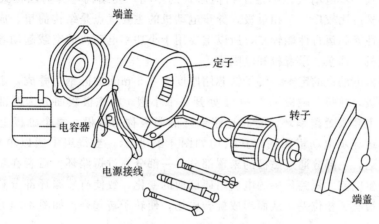

图 4-32　单相异步电动机结构图

（1）转子。转子主要用来产生旋转力矩，拖动生产机械旋转。其转子结构都是笼型的，转子主要由转子铁芯、轴和转子绕组等组成。

（2）定子。定子是电动机的固定部分，是用来产生旋转磁场的，由定子铁芯、定子绕组和外壳组成。

①定子绕组。单相异步电动机正常工作时，一般只需要单相绕组即可。但单相绕组通以单相交流电时产生的磁场是脉动磁场，没有起动转矩。为了使单相电动机能自行起动并能改善其运行性能，除工作绕组（又称主绕组）外，在定子上还安装一个辅助的起动绕组（又称副绕组）。两个绕组在空间相距 90° 或一定的电角度。一般主绕组占定子总槽数的 2/3，副绕组占定子总槽数的 1/3，但应视各种电机的要求而定。

②定子铁芯。定子铁芯是由硅钢片叠压而成的，在定子铁芯上嵌有定子绕组。由于单相异步电动机定、转子之间气隙比较小，一般为 0.2~0.4 mm，为减小定、转子开槽所引起的电磁噪声等影响，定子槽口多采用半闭口形状。集中式绕组罩极单相电动机的定子铁芯则采用凸极形状。

③外壳。外壳包括机座、端盖、轴承盖、接线盒等部件。由于单相异步电动机一般功率较小，因此，其体积也较小，不需要用于起吊的吊环等部件。

（3）起动元件。单相异步电动机没有起动力矩，不能自行起动，需要在副绕组电路上附加起动元件才能起动运转。起动元件有电阻、电容器、耦合变压器、继电器、PTC 元件等多种，因而构成不同类型的电动机。

4.3.2 单相异步电动机的主要类型

若在定子上安放空间位置相差 90°的两套绕组，再通入相位相差 90°的正弦交流电，就能产生一个像三相异步电动机那样的旋转磁场，实现自行起动。根据获得旋转磁场的方式不同（也就是起动方法），单相异步电动机分为罩极式和分相式电动机两类。下面介绍单相异步电动机的几种主要类型。

1. 单相罩极式异步电动机

单相罩极式异步电动机根据定子结构形式的不同，其结构可分为凸极式和隐极式两种。凸极式结构应用较广。单相罩极式异步电动机的主要优点是结构简单、成本低、维护方便。但起动性能和运行性能较差，所以主要用于小功率电动机的空载起动场合，如电风扇、小型鼓风机、油泵、录音机和电唱机等。

凸极式罩极电动机的定子、转子铁芯用厚度为 0.5 mm 的硅钢片叠成，定子做成凸极形式，组成磁极，在每个磁极 1/3～1/4 处开一个小槽，将磁极表面分为两部分，在较小的一部分磁极上套入短路铜环，套有短路铜环的磁极称为罩极。整个磁极上绕有单相绕组，转子与普通异步电动机相同，其结构如图 4-33 所示。当绕组中通以单相交流电时，产生一脉振磁通，一部分通过磁极的未罩部分，一部分通过短路环。后者在短路环中感生电动势，并产生电流。短路环中的电流阻碍磁通的变化，致使有短路环部分和没有短路环部分产生的磁通有了相位差，从而形成旋转磁场，使转子转起来。如图 4-34 所示。

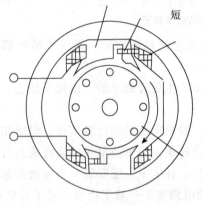

图 4-33 凸极式罩极电动机结构

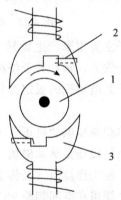

图 4-34 凸极式罩极电动机原理图

1—转子；2—短路环；3—定子磁极

单相隐极式罩极异步电动机的功率一般较大，电动机的定子铁芯用环形硅钢片叠压而成，齿槽内嵌放有主绕组和副绕组，其罩极线圈不是短路环，而是在部分线槽内同时嵌入几匝用粗铜线绕制而成的短路线圈。主绕组匝数多，嵌放在齿槽底部。罩极线圈匝数少，导线截面粗，嵌放在上层，并接成闭合回路，而且使主绕组与罩极绕组在空间的相对位置错开定角度（通常为 450 电角度），以保证定子气隙中产生一个旋转磁场。

2. 分相式电动机

若在空间不同相的绕组中通以时间不同相的电流，其合成磁场就是一个旋转磁场，分相电动机就是根据这一原理设计的。分相式电动机又分为电容分相式和电阻分相式两类。

（1）电容起动式电动机。电容起动单相分相电动机，在定子上嵌有两个单相绕组，一个称为主绕组（或称为工作绕组），一个称为辅助绕组（或称为起动绕组）。两个绕组在空间位置相差 90°，它们接在同一单相电源上。如图 4-35（a）所示。

当电动机静止不动或转速较低时，装在电动机后端盖上的离心开关 S 处于闭合状态，因而辅助绕组连同电容器与电源接通。当通入三相电源时，空间位置差为 90^0 的主绕组 U 和辅助绕组 V 接在同一电源上，但 V 绕组与电容 C 串联，故电流 I_V 滞后于电源电压 U，而电流 I_U 引前于电源电压 U，在 U、V 两相绕组产生的旋转磁场的作用下，转子开始转动，电动机开始起动，当电动机起动完毕后，转速接近同步转速的 75％～80％时，由于离心力的作用，自动将开关 S 切断，同时断开断辅助绕组电路，电动机便作为单相电动机稳定运转。由于这种电动机的辅助绕组也只是在起动过程中短时间工作，因此导线选择得也较细。

电容起动单相分相电动机具有较高的起动转矩，一般达到满载转矩的 3～5 倍，故能适用于满载起动场合。一般用于水泵、压缩机、电冰箱、洗衣机及其他需要满载起动的电器、机械中。

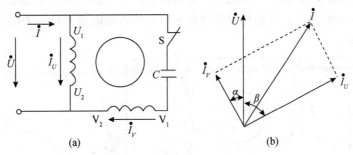

图 4-35　单相电容起动电动机

（a）等效电路图；（b）电压、电流向量图

（2）电容运转式电动机。电容运转式电动机是在辅助绕组中只串接电容 C，而不串接离心开关 S。如图 4-36 所示。这时就可以将电动机的辅助绕组由原来较细的导线改为较粗的导线串联，并使辅助绕组不仅产生起动转矩，而且参与运行，运行时在辅助绕组电路中的电容器仍与电路接通，保持起动时产生的两相交流电和旋转磁场的特性，即保持一台两相异步电动机的运行，这样不仅可以得到较大的转矩，而且电动机的功率因数、效率、过载能力都比普通单相电动机要高。并且由于电容具有滤波作用，因此该类电动机噪声低、震动较小，常用作比较容易起动的家用电器电动机。

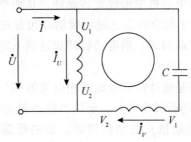

图 4-36　电容运转式电动机等效电路图

（3）电容起动、运转式电动机。电容起动、运转式电动机是结合了电容起动电动机及电容运转式电动机特点的一种电动机。其等效电路如图 4-37 所示。在起动时，并联一个容量较大的起动电容器 C_1；当电动机的转速达到额定转速的 $70\% \sim 80\%$ 时，离心开关 S 自动断开，使起动电容器 C_1 脱离电源，而辅助绕组与容量较小的电容器 C_2 仍串联在电路中参与正常运行。

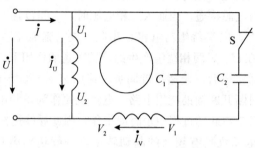

图 4-37 电容起动、运转式电动机等效电路图

（4）电阻起动单相分相异步电动机。在结构上，电阻起动单相分相电动机和电容起动单相分相异步电动机相似，只是在辅助绕组中串入的不是电容而是一个电阻，等效电路如图 4-38（a）所示。

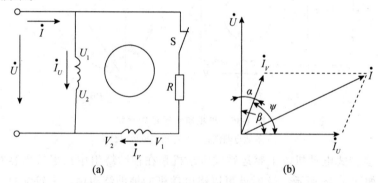

图 4-38 单相电阻起动电动机
（a）等效电路图；（b）电压、电流向量图

电动机的辅助绕组一般要求阻值较大，因此采用较细的导线绕成，以增大电阻（匝数可以与主绕组相同，也可以不同）。由于主绕组 U_1U_2 和辅助绕组 V_1V_2 的阻抗不同，流过两个绕组的电流的相位也不同，一般使辅助绕组中的电流领先于主绕组中的电流，形成了一个两相电流系统，这样就在电动机中形成旋转磁场，从而产生起动转矩。

S 为一离心开关，平时处于闭合状态。通常辅助绕组是按短时运行设计的，为了避免辅助绕组长期工作而过热，在起动后，当电动机转速达到一定数值时，离心开关 S 自动断开，把辅助绕组从电源切断。

由于主、辅绕组的阻抗都是感性的，因此两相电流的相位差不可能很大，更不可能达到 $90°$，由此而产生的旋转磁场椭圆度较大，所以产生的起动转矩较小，起动电流较大。

电阻起动单相分相异步电动机具有结构简单、价格低廉、故障率低、使用方便等特点。适用于低惯量负载、不频繁起动、负载可变而要求转速基本不变的场合。一般用于小型鼓风机、研磨搅拌机、小型钻床、医疗器械、电冰箱压缩机等设备中。

4.3.3　三相异步电动机改单相运行的方法

若由于电源限制或没有单相异步电动机等原因，需要将三相异步电动机用作单相异步电动机时，可以通过将小功率的三相异步电动机的接线方式加以改变，临时使用。

1. 三相异步电动机改单相运行的原理

从单相异步电动机的运行原理可以看出，在空间位置差 900 电角度的两套绕组中通入电流时，它们所产生的磁场轴线在空间也会相差 900 电角度。若通过两套绕组的电流也具有一定的相位差，就能形成一个两相旋转磁场，从而产生起动转矩，使电动机转动起来。因此，可以采用将三相异步电动机中的任意两相绕组串联起来作为一套绕组，另一相绕组作为另一套绕组，形成具有空间位置差的两套绕组，再通过在单相绕组中串接以适当的电容、电阻或电感实现电流的分相，形成两相旋转磁场，产生起动转矩，使电动机起动并正常运行。

2. 三相异步电动机改单相运行的实现

下面以 Y 形绕组的三相异步电动机为例，基于以上原理实现三相异步电动机的单相运行，对于△接法的三相异步电动机改单相运行实现方法读者可自行研究。

（1）方案 1。对于 Y 形绕组的三相异步电动机，将 V 相绕组的尾端从星点断开，使 U、W 两相绕组呈串联状态，作为运行绕组，V 相绕组作为起动绕组。将 V 相绕组与离心开关 S 及电容 C 或电阻 R 串联，再与运行绕组并联，接到单相电源上去。如图 4-39 所示。

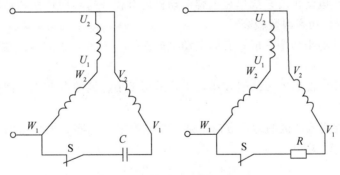

图 4-39　Y 型绕组的改接方案 1

（2）方案 2。对于方案 1，需要改变三相异步电动机的结构，比较麻烦，作为理论学习可以参考，实际中很少使用。方案 2 在不改变异步电动机的结构和绕组参数的情形下，将电容器并联在绕组引出线的任意两个端点上，然后将单相交流电压接至这两个端点上，如图 4-40 所示。

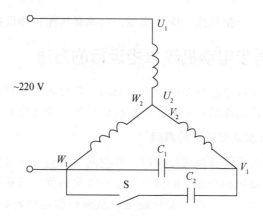

图 4-40 Y 形绕组的改接方案 2

对于图 4-40 中，电容 C_1、C_2 为

$$C_1 = \frac{1\,590 I_n}{U_N \cos\varphi}$$
(4-22)

$C_2 = （1 \sim 4）C_1$（电容 C_1、C_2 都要求耐压 $450 \sim 600$ V，无极油浸式）

式中　C_1——工作电容（耐压在 $450 \sim 600$ V 的油浸无极电容）；

　　　C_2——起动电容；

　　　I_n——电动机额定电流，单位为 A；

　　　$\cos\varphi$——电动机功率因数。

3. 三相异步电动机改单相运行后的常见问题

三相异步电动机改单相运行后的常见问题主要有以下几个。

（1）三相异步电动机改装成单相电容电动机后有较好的起动特性和运行特性，由于接有电容器 C_1 运行，功率因数较高。

（2）电动机的输出功率一般只有原电动机的 $60\% \sim 70\%$，因此应注意改接后电动机所承担的负载大小。

（3）由于单相电源的容量一般较小，主要适用于小容量的电动机，使用时必须注意供电系统的容量。

（4）若需要改变电动机的运行方向，则只需调换串接电容一相绕组的两个接线端，即图 4-12 中的 U_1、V_1 端。

任务4.4　伺服电动机的选择与使用

伺服电动机常被称为执行电动机，其任务是将接收的电信号转换为转轴上的角位移或

角速度，以驱动控制对象。伺服电动机分为直流伺服电动机和交流伺服电动机两大类。与直流伺服电动机，交流伺服电动机结构简单、价格便宜、维护方便且对环境要求低。尤其是伴随着交流电动机调速技术的快速发展，使得交流伺服电动机得到了更广泛的应用。

掌握伺服电动机的基本工作原理、结构、分类及优缺点；能选择合适性能参数的伺服电动机并正确使用。

4.4.1 交流伺服电动机的主要类型及特点

交流伺服电动机依据电动机运行原理的不同，可分为感应异步式、永磁同步式两种。

1. 感应异步式

感应异步式交流伺服电动机也有三相和单相两类，也有鼠笼式和线绕式，通常多用鼠笼式三相感应电动机。其转子电流由滑差电动势产生，并与磁场相互作用产生转矩。其结构简单，与同容量的直流电动机相比，质量轻 1/2，价格仅为直流电动机的 1/3。缺点是不能经济地实现范围很广的平滑调速，必须从电网吸收滞后的励磁电流。因而令电网功率因数变坏。另外，由于电动机非线性参数的变化影响控制精度，因此必须进行参数在线辨识才能达到较好的控制效果。

2. 永磁同步式

永磁同步式交流伺服电动机的定子与感应电动机一样，都在定子上装有对称三相绕组。而转子却不同，按不同的转子结构又分电磁式及非电磁式两大类。非电磁式又分为磁滞式、永磁式和反应式多种。其中磁滞式和反应式同步电动机存在效率低、功率因数较差、制造容量不大等缺点。数控机床中多用永磁式同步电动机。与电磁式相比，永磁式优点是结构简单、运行可靠、效率较高；缺点是体积大、起动特性欠佳。但永磁式同步电动机采用高剩磁感应，高矫顽力的稀土类磁铁后，可比直流电动外形尺寸约小 1/2，质量减轻 60%，转子惯量减到直流电动机的 1/5。它与异步电动机相比，由于采用了永磁铁励磁，消除了励磁损耗及有关的杂散损耗，所以效率高。

4.4.2 交流伺服电动机的结构及工作原理

由于永磁式同步电动机在数控机床等设备上的广泛使用，下面以永磁同步式交流伺服电动机为例介绍交流伺服电动机的结构及工作原理。

1. 结构

永磁式同步电动机主要由三部分组成：定子，转子和检测元件（转子位置传感器和测速发电机）。其中，定子有齿槽，内有三相绕组，形状与普通感应电动机的定子相同。但其外圆多呈多边行，且无外壳，以利于散热，避免电动机发热对机床精度的影响。永磁同步式伺服电动机剖面图如图 4-41 所示。

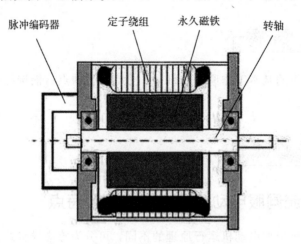

图 4-41　永磁同步式伺服电动机剖面图

2. 工作原理

永磁同步式交流伺服电动机的定子绕组为对称的 Y 形接法的三相绕组，当通过对称三相交流电时，定子的合成磁场为一旋转磁场，其空间上的相位角与电流的相位角有关。如图 4-42 所示。当 U 相电流达到正向最大时，合成磁场作用力 F_d 的相位角与 U 相绕组轴线重合。若电流相序为 $U\text{-}>V\text{-}>W$，则合成磁场的旋转方向为顺时针。在转子磁场力 F_r 和 F_d 的共同作用下，则会产生顺时针的转矩 T。在该转矩的作用下，电动机开始转动。同时，驱动控制器会读取转子位置传感器 P_S 的检测值，给出转子磁场的移动量，用以控制定子三相电流值，以保证 F_r 与 F_d 相对位置稳定，实现输出转矩不变。

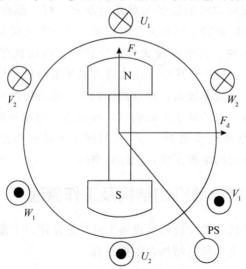

图 4-42　永磁同步式伺服电动机原理图

4.4.3　交流伺服电动机的控制

交流伺服电动机的控制，通常由配套的交流伺服驱动器来控制，其控制方式主要三种。

1. 幅值控制

幅值控制，即通过改变控制电压 U_c 的大小来控制电机转速。如图 4-43 所示，控制电压 U_c 与励磁电压 U_f 之间的相位差始终保持 90 电角度；控制电压 U_c 与 U_f 的幅值相等，相位相差 90 电角度，且两绕组空间相差 90 电角度。此时所产生的气隙磁通势为圆形旋转磁通势，产生的电磁转距最大；当控制电压小于励磁电压的幅值，所建立的气隙磁场为椭圆形旋转磁场，产生的电磁转矩减小，电机转速越慢。

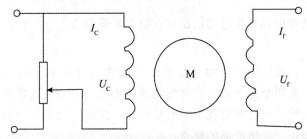

图 4-43　交流伺服电动机幅值控制原理图

2. 相位控制

相位控制，即改变控制电压 U_c 与励磁电压 U_f 之间的相位差来实现对电机转速和转向的控制，而控制电压的幅值保持不变。图 4-44 所示，将励磁绕组直接接到交流电源上，而控制绕组经移相器后接到同一交流电压上，U_c 与 U_f 的频率相同。而 U_c 相位通过移相器可以改变，从而改变两者之间的相位差，改变 U_c 与 U_f 相位差的大小，可以改变电机的转速和转向。

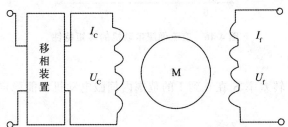

图 4-44　交流伺服电动机相位控制原理图

3. 幅值—相位控制

交流伺服电动机的幅值—相位控制是励磁绕组串接电容 C 后再接到交流电源上。如图 4-45 所示，当 U_c 的幅值改变时，转子绕组的耦合作用，使励磁绕组的电流 I_f 也变化，从而使励磁绕组上的电压 U_f 及电容 C 上的电压也跟随改变，U_c 与 U_f 的相位差也随之改变，从而改变电机的转速。

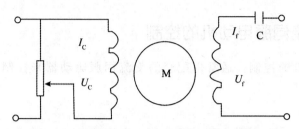

图 4-45 交流伺服电动机幅值—相位控制原理图

幅度—相位控制线路简单，不需要复杂的移相装置，只需电容进行分相，具有线路简单、成本低廉、输出功率较大的优点，因而成为使用最多的控制方式。

4.4.4 交流伺服电动机的特点

交流伺服电动机与单相异步电动机比较有以下显著特点：

1. 起动转矩大

由于转子电阻大，其转矩特性曲线如图 4-46 中曲线 1 所示，与普通异步电动机的转矩特性曲线 2 相比，有明显的区别。它可使临界转差率 $S_0 > 1$，这样不仅使转矩特性（机械特性）更接近于线性，而且具有较大的起动转矩。因此，当定子一有控制电压，转子立即转动，即具有起动快、灵敏度高的特点。

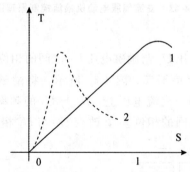

图 4-46 交流伺服电动机的转矩特性

2. 运行范围较宽

如图 4-46 所示，转差率 S 在 0 到 1 的范围内伺服电动机都能稳定运转。

3. 无自转现象

正常运转的伺服电动机，只要失去控制电压，电机立即停止运转。当伺服电动机失去控制电压后，它处于单相运行状态，由于转子电阻大，定子中两个相反方向旋转的旋转磁场与转子作用所产生的两个转矩特性（$T_1 - S_1$、$T_2 - S_2$ 曲线）以及合成转矩特性（$T - S$ 曲线）如图 4-47 所示，与普通的单相异步电动机的转矩特性（图中 $T' - S$ 曲线）不同。这时的合成转矩 T 是制动转矩，从而使电动机迅速停止运转。

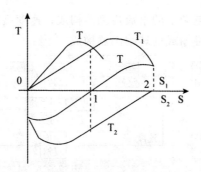

图 4-47 伺服电动机单相运行时的转矩特性

4.4.5 交流伺服电动机的应用

1. 交流伺服电动机几个主要技术数据

（1）型号说明。交流伺服电动机的说明如下。

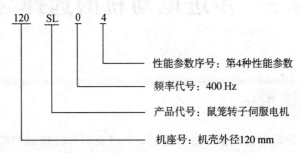

（2）电压。电压有励磁电压和控制电压两个，励磁绕组的额定电压一般运行变动范围为 5% 左右。电压太高，电机会发热，电压太低，电机的性能会变坏。控制绕组的额定电压有时也称为最大控制电压，在幅值控制条件下加上这个电压就能得到圆形旋转磁场。

（3）频率。目前控制电机常用的频率有低频（50 Hz 或 60 Hz），中频（400 Hz 或 500 Hz）两种。

（4）堵转转矩，堵转电流。定子两相绕组加上额定电压，转速等于 0 时的输出转矩，称为堵转转矩。这是流经励磁绕组和控制绕组的电流分别称为堵转励磁电流和堵转控制电流。

（5）空载转速。定子两相绕组加载额定电压，电机不带任何负载是的转速称为空载转速。

2. 交流伺服系统的应用

由于交流伺服系统具有宽调速范围、高稳速精度、快速动态响应等技术性能，其动、静态特性已可与直流伺服系统相媲美。交流伺服系统将向两大方向发展一个方向是简易低成本的交流伺服系统将迅速发展，应用领域进一步扩大简易数控机床、办公室自动化设备、家用电器、计算机外围设备以及对性能要求不高的工业运动控制等；另一个方向是向更高性能的全数字化、智能化软件伺服方向发展，以满足高精度数控机床、机器人、特种加工设备精细进给的需要。

图 4-48 所示为数控机床中常用的位置、速度、电流三环结构示意图。通常，电流反馈

由电流互感器或串在电动机电源上的电流检测器构成；速度反馈由测速电机或电机编码器构成；位置反馈由光栅尺、磁栅或旋转编码器构成。

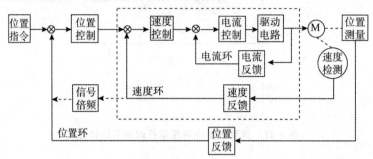

图 4-48　交流伺服电动机位置、速度、电流三环结构示意图

任务 4.5　步进电动机的选择与使用

步进电动机是一种用电脉冲信号进行控制，并将此信号转换成相应的角位移或线位移的控制电动机。步进电动机的转速不受电压波动和负载变化的影响，不受环境条件（温度、压力、冲击和振动等）的限制，仅与脉冲频率同步；能按控制脉冲的要求立即起动、停止、反转或改变转速，而且每一转都有固定的步数；在不失步的情况下运行时，步距误差不会长期积累。由于步进电动机成本较低，易于采用计算机控制，因而被广泛应用于开环控制的伺服系统中。目前，一般数控机械和普通机床的微机改造中大多数均采用开环步进电动机控制系统。

掌握步进电动机的基本工作原理、结构、分类及优缺点；能选择合适性能参数的步进电动机并正确使用。

4.5.1　步进电动机的类型及工作原理

图 4-49 为三种步进电动机的实物图。

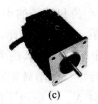

(a)　　　　　　　　(b)　　　　　　　　(c)

图 4-49　步进电动机实物图

(a) 130BYGH 二相步进电机；(b) 57BYGH 三相步进电机；

(c) 64BYGH 五相步进电机

1. 步进电动机的类型

步进电动机由带有绕组的定子和转子组成。根据励磁方式的不同，步进电动机分为反应式、永磁式和感应子式（又叫混合式）。

反应式步进电动机的转子为一带槽的铁芯，该磁场吸引转子铁芯，实现电动机的运转。因为转子没有磁性，因此反应式步进电动机不具有位置保持特性，但其结构简单，生产成本低。

永磁式步进电动机的转子由永久磁铁制成。定子绕组通电后产生磁场，该磁场与转子磁场相互作用来实现电动机的运转，具有位置保持特性，动态性能好；但步距角大。

混合式步进电动机综合了反应式、永磁式步进电动机两者的优点，它的步距角小，转矩大，动态性能好，位置保持特性，是目前性能最高的步进电动机。它有时也称作永磁感应子式步进电动机。

反应式步进电动机应用比较广泛，其工作原理比较简单，下面就以三相反应式为例论述步进电动机的工作原理。

2. 步进电动机的工作原理

图 4-50 所示为三相反应式步进电动机原理图。电机的定子上有六个均布的磁极，其夹角是 60°。各磁极上套有线圈，连成 X、Y、Z 三相绕组。转子上均布 40 个小齿。所以每个齿的齿距为 $\theta_E = 360°/40 = 9°$，而定子每个磁极的极弧上也有 5 个小齿，且定子和转子的齿距和齿宽均相同。由于定子和转子的小齿数目分别是 30 和 40，其比值是一分数，这就产生了所谓的齿错位的情况。

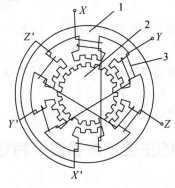

图 4-50　步进电动机原理图

1—定子；2—转子；3—定子绕组

若以 X 相磁极小齿和转子的小齿对齐，那么 Y 相和 Z 相磁极的齿就会分别和转子齿相错三分之一的齿距，即 3°。因此，Y、Z 极下的磁阻比 X 磁极下的磁阻大。若给 Y 相通电，Y 相绕组产生定子磁场，其磁力线穿越 Y 相磁极，并力图按磁阻最小的路径闭合，这就使转子受到反应转矩（磁阻转矩）的作用而转动，直到 Y 磁极上的齿与转子齿对齐，恰好转子转过 3°；此时 X、Z 磁极下的齿又分别与转子齿错开三分之一齿距。接着停止对 Y 相绕组通电，而改为 Z 相绕组通电，同理，在反应转矩的作用下，转子按顺时针方向再转过 3°。依次类推，当三相绕组按 X→Y→Z→X 顺序循环通电时，转子会按顺时针方向，以每个通电脉冲转动 3°的规律步进式转动起来。

若改变通电顺序，按 X→Z→Y→X 顺序循环通电，则转子就按逆时针方向以每个通电脉冲转动 3°的规律转动。因为每一瞬间只有一相绕组通电，并且按三种通电状态循环通电，故称为单三拍运行方式。单三拍运行时的步矩角（即通过一个电脉冲转子转过的角度）θ_b 为 30°。三相步进电动机还有两种通电方式，它们分别是双三拍运行，即按 XY→YZ→ZX→XY 顺序循环通电的方式，以及单、双六拍运行，即按 X→XY→Y→YZ→Z→ZX→X 顺序循环通电的方式。六拍运行时的步矩角将减小一半。反应式步进电动机的步距角，即通过一个电脉冲转子转过的角度，计算公式为

$$\theta_b = 360° / NE_r \tag{4-23}$$

式中　E_r——转子齿数；

N——运行拍数，$N = km$，m 为步进电动机的绕组相数，$k = 1$ 或 2。

因此，每分钟转过的圆周数即转速为

$$n = \frac{60f}{E_r N} = \frac{60f \times 360°}{360° E_r N} = \frac{\theta_b}{6°} f \ (r/min) \tag{4-23}$$

当控制脉冲停止输入，而使最后一个脉冲控制的绕组继续通电时，电动机可以保持在固定位置。

3. 步进电动机的特点

从步进电动机的原理分析可以看出，其具有以下特点。

（1）步进电动机的位移量可以通过控制输入的脉冲个数计算。步进电动机的输出转角与输入的脉冲个数成严格的比例关系，无累积误差，因此，步进电动机的位移量可以通过控制输入的脉冲个数计算。

（2）步进电动机的转速与输入脉冲频率成正比，因此，可以通过调节脉冲频率来实现调节步进电动机的转速。

（3）具有位置保持特性，即当停止输入脉冲时，只要维持绕组内电流不变，电动机轴就可以保持在固定位置。

（4）改变绕组的通电顺序可以改变电动机的转向。

4.5.2　步进电动机的主要技术参数及特性

1. 步距误差

步距误差是指空载时实测的步距角与理论的步距角之差。它反映了步进电动机角位移

的精度。通常用度、分或步距角的百分比表示。其影响因素有转子齿的分度精度、定子磁极与齿的分度精度等。国产步进电动机的步距误差一般在 $\pm 10' \sim \pm 30'$，精度较高的步进电动机可达 $\pm 2' \sim \pm 5'$。

2. 最大静转矩

步进电动机在某相始终通电而处于静止不动状态时，所能承受的最大外加转矩，亦即所能输出的最大电磁转矩称为最大静转矩。它反映了步进电动机的制动能力和低速步进运行时的负载能力。静转矩越大，自锁力矩越大，静态误差就越小。

3. 起动矩频特性

起动矩频特性是指步进电动机在有外加负载转矩时，不失步地正常起动所能接受的最大阶跃输入脉冲频率（又称起动频率）与负载转矩的对应关系。图 4-51 为 90BF002 型步进电动机的起动矩频特性曲线。

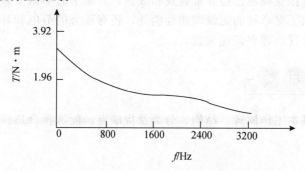

图 4-51   90BF002 型步进电动机的起动矩频特性曲线

4. 起动惯频特性

起动惯频特性是指步进电动机带动纯惯性负载起动时，起动频率与转动惯量之间的关系。

5. 运行矩频特性

运行矩频特性是指步进电动机运行时，输出转矩与输入脉冲频率的关系。

6. 步进运行和低频振荡

当输入脉冲频率很低时，脉冲周期如大于步进电动机的过渡过程时间，步进电动机就会处于一步一停的运行状态，这种运行状态称为步进运行。步进电动机都有一较低的固有频率，当步进运行频率或低速运行频率与该固有频率相等或接近时，就会产生共振，使步进电动机振荡不前，这种现象称为低频振荡。常采用的避免低频振荡的现象的方法有一种是使运行频率避开固有频率；二是前一方法不允许时，可通过调节步进电动机上的阻尼器来改变固有频率。

7. 最大相电压和最大相电流

最大相电压是指步进电动机每相绕组所允许施加的最大电源电压。最大相电路指步进电动机每相绕组所允许流过的最大电流。

任务 4.6 变频器的选择与使用

变频技术是工业企业和家用电器中普遍使用的一种技术，变频器作为运动控制系统中的功率变换器件，能把电信号从一种频率变换成另一种频率，是运动控制系统中的功率变换器。目前中小型低压变频器已经非常普及和成熟，大功率的中压变频器也正在被关注和逐步应用。变频器除了有卓越的无级调速性能外，还有显著的节电和环保作用，是企业技术改造和产品更新换代的理想调速装置。

掌握变频器的基本工作原理、结构、分类及优缺点；能选择合适性能参数的变频器并正确使用。

4.6.1 变频器的工作原理

变频器的核心部分就是变频电路，常见的有：交—直—交变频电路、脉宽调制变频电路、交—交变频电路.

1. 交—直—交变频电路

交—直—交变频器是先把恒压恒频 CVCF 的交流电经整流器先整流成直流电，直流中间电路对整流电路的输出进行平滑滤波，再经过逆变器把这个直流电流变成频率和电压都可变交流电的间接型变频电路。交—直—交变频电路结构框图，如图 4-52 所示。

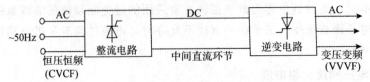

图 4-52 交—直—交变频电路结构框图

按照不同的控制方式，交—直—交变频电路可分成可控整流器调压、逆变器调频，不可控整流器整流、斩波器调压、逆变器调频，不可控整流器整流、PWM（脉宽调制）逆变器调频三种控制方式，如图 4-53 所示。

（1）图 4-53（a）为可控整流器调压、逆变器调频的控制方式。显然，在这种装置中，调压和调频在两个环节上分别进行，两者需要在控制电路上互相协调配合，其结构简单，控制方便。这种装置的主要缺点是由于输入环节采用晶闸管可控整流器，当电压调得较低时，电网端功率因数较低。而输出环节多用由晶闸管组成的三相六拍逆变器，每个周期换相 6 次，输出的谐波较大。

（2）图 4-53（b）为不可控整流器整流、斩波器调压、再用逆变器调频的控制方式。在这种装置中，整流环节采用由二极管构成的不可控整流器，只整流不调压，再单独设置斩波器，用脉宽调压。这样虽然多了一个环节，但调压时输入功率因数不变，克服了图中装置的第一个缺点。输出逆变环节未变，仍有谐波较大的问题。

（3）图 4-53（c）为不可控整流器整流、PWM（脉宽调制）逆变器同时调压调频的控制方式。在这种装置中，采用由二极管构成的不可控整流装置，则输入功率因数不变；用 PWM 逆变器进行逆变，使输出谐波减小。这样，图中装置的两个缺点都消除了。

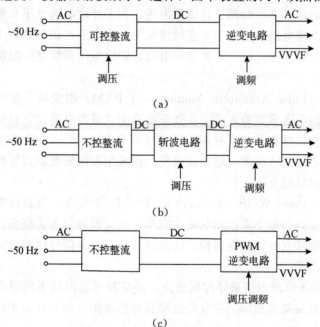

图 4-53 交—直—交变频器的三种控制方式

根据中间直流环节采用滤波器的不同，变频电路又分为电压型变频电路和电流型变频电路，如图 4-54 所示。其中，U_d 为整流器的输出电压平均值。

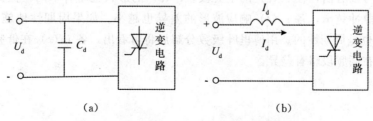

图 4-54 电压型、电流型变频电路原理框图

（a）电压型变频电路；（b）电流型变频电路

在交—直—交变频电路中，当中间直流环节采用大电容滤波时，直流电压波形比较平直，在理想情况下相当于一个内阻抗为零的恒压源；输出的交流电压是矩形波或阶梯波，这种变频电路称为电压型变频电路，见图 4-54（a）。当交—直—交变频电路的中间直流环节采用大电感滤波时，直流电流波形比较平直，因而电源内阻抗很大，对负载来说基本上是一个电流源；输出的交流电流是矩形波或阶梯波，这种变频电路称为电流型变频电路，如图 4-54（b）所示。可见，变频电路的这种分类方式和逆变电路是一致的。所不同的是：逆变电路由电源 E 供电，在交—直—交变频电路中，则是由整流器的输出 U_d 供电。

2. 脉宽调制变频电路

脉宽调制型变频简称 PWM 调频，基本原理是通过控制变频电路中开关元件的导通、关断时间比来控制交流电压的大小和频率。在异步电动机恒转矩变频调速系统中，在变频电路输出频率变化时，必须同时调节其输出电压。为了补偿电网电压和负载变化所引起的输出电压波动，在变频电路输出频率不变的情况下，也应适当调节其输出电压，具体实现调压和调频的方法有很多种，但一般从变频电路的输出电压和频率的控制方法分为脉幅调制和脉宽调制。

（1）脉幅调制（Pulse Amplitude Modulation，PAM）型变频。是一种通过改变直流电压的幅值进行输出电压调节的方式。在变频电路中，逆变电路部分只负责调频，而输出电压的调节．则由相控整流器或直流斩波器通过调节直流电压 Ud 去实现。采用相控整流器调压时，功率因数随调节深度的增加而变低。而采用直流斩波器调压时，功率因数在不考虑谐波影响时可以接近 1。

（2）脉宽调制（Pluse Width Modulation，PWM）型变频。是靠改变脉冲宽度来控制输出电压，通过改变调制频率来控制其输出频率。脉宽调制的方法很多，按调制脉冲的极性可分为单极性调制和双极性调制两种；按载频信号与参考信号频率之间的关系可分为同步调制和异步调制两种。

PWM 控制的基本原理根据采样控制理论：冲量相等而形状不同的窄脉冲加在具有惯性的环节上时，其效果基本相同。冲量是指窄脉冲的面积，效果基本相同是指环节的输出响应波形基本相同。

将如图 4-55 所示的形状不同而冲量相同的电压窄脉冲，分别加在如图 4-56（a）所示的一阶惯性环节 RL 电路上。其输出电流 $i(t)$ 对不同窄脉冲时的响应波形如图 4-56（b）所示。从波形可以看出，在 $i(t)$ 的上升段，$i(t)$ 的形状也略有不同，但其下降段则几乎完全相同。脉冲越窄，各 $i(t)$ 响应波形的差异也越小。如果周期性地施加上述脉冲，则响应 $i(t)$ 也是周期性的。用傅里叶级数分解后将可看出，各 $i(t)$ 在低频段的特性将非常接近，仅在高频段略有差异。

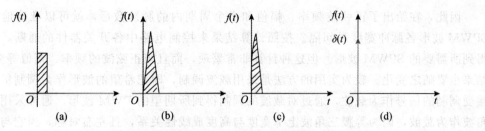

图 4-55　形状不同而冲量相同的电压窄脉冲

（a）方波脉冲；（b）三角波脉冲；（c）正弦波脉冲；（d）冲击信号

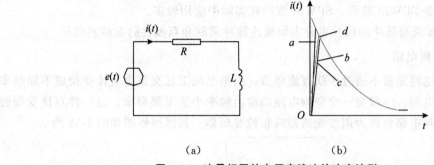

图 4-56　冲量相同的电压窄脉冲的响应波形

（a）一阶惯性环节 RL 电路；（b）对不同窄脉冲时的响应波形

　　根据上述理论，下面分析一下正弦波如何用一系列等幅不等宽的脉冲来代替。如图 4-57（a）所示，将一个正弦半波分成 N 等份，每一份可看作是一个脉冲，很显然这些脉冲宽度相等，都等于 π/N，但幅值不等，脉冲顶部为曲线，各脉冲幅值按正弦规律变化。若把上述脉冲序列用同样数量的等幅不等宽的矩形脉冲序列代替，并使矩形脉冲的中点和相应正弦等分脉冲的中点重合，且使二者的面积（冲量）相等，就可以得到如图 4-57（b）所示的脉冲序列，即 PWM 波形。可以看出，各脉冲的宽度是按正弦规律变化的。根据冲量相等效果相同的原理，PWM 波形和正弦波正半波是等效的。用同样的方法，也可以得到正弦波负半周的 PWM 波形。将完整的正弦波形用等效的 PWM 波形表示时，这种 PWM 波形称为 SPWM 波形。

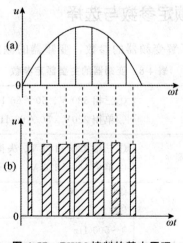

图 4-57　PWM 控制的基本原理

因此，在给出了正弦波频率、幅值和半个周期内的脉冲数后，就可以准确地计算出SPWM 波形各脉冲宽度和间隔。按照计算结果来控制电路中各开关器件的通断，就可以得到所需要的 SPWM 波形。但这种计算非常繁琐，而且当正弦波的频率、幅值等变化时，结果也要随之变化。较为实用的方法是采用载波调制，即把希望的波形作为调制信号，把接受调制的信号作为载波，通过对载波的调制得到所期望的 PWM 波形。通常采用等腰三角波作为载波，因为等腰三角波上下宽度与高度成线性关系，且左右对称，当它与任何一个平缓变化的调制信号波相交时，如在交点时刻控制电路中开关器件的通断，就可以得到宽度正比于信号波幅值的脉冲，这正好符合 PWM 控制的要求。当调制信号波为正弦波时，所得到的就是 SPWM 波形，SPWM 波形在实际中应用较多。

PWM 调制按调制脉冲的极性可分为单极性脉冲调制和双极性脉宽调制两种。

3. 交—交变频电路

交—交变频电路是指不通过中间直流环节，而把电网工频交流电直接变换成不同频率的交流电的变频电路。一般交—交变频电路的输出频率小于工频频率，是一种直接变频的方式，交—交变频电路也称为周波变流器或相控变频器．其原理框图如图 4-58 所示。

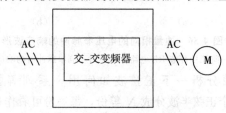

图 4-58　交—交变频原理框图

由于交—交变频器的输入为电网电压，晶闸管的换流为交流电网换流方式。电网换流不能在任意时刻进行，并且电压反向时最快也只能沿着电源电压的正弦波形变化，所以交—交变频电路的最高输出频率必须小于电源频率的 1/3~1/2，即不宜超过 25 Hz。否则，输出波形畸变太大，对电网干扰很大。

4.6.2　变频器的额定参数与选择

在选择变频器时，必须了解变频器的参数，变频器的额定参数数据见表 4-8。

表 4-8　变频器的主要额定参数

输入	额定电压、频率	①三相 380 V、50 / 60 Hz ②单相 220V、50 / 60 Hz
	电压允许变动范围	①三相 320~460 V、失衡率<3%、频率 15% ②单相 180~250 V、失衡率<3%、频率 15%
输出	电压	①0~380 V ②0~220 V
	频率	0~500 Hz
	过载能力（S_2 系列）	150%额定电流、1 min

（续表）

输入	额定电压、频率	①三相 380 V、50 / 60 Hz ②单相 220V、50 / 60 Hz					
	电压允许变动范围	①三相 320～460 V、失衡率＜3％、频率 15％ ②单相 180～250 V、失衡率＜3％、频率 15％					
	额定容量/kVA	29.6	39.5	49.4	60.0	73.7	98.7
	额定输出电流/A	45	60	75	91	112	150
	适配电动机功率/kW	22	30	37	45	55	75

注：变频器的容量一般为 1.1～1.5 倍电动机的容量。

1. 输入侧的额定参数

（1）额定电压。在我国，中小容量变频器的输入电压主要有以下几种。

①380 V，三相输入，绝大多数变频器常用电压。

②220 V，单相输入，主要用于某些进口设备中。

③220 V，单相输入，主要用于家用电器中。

（2）额定频率。常见的额定频率是 50 Hz 和 60 Hz。

2. 输出侧的额定参数

（1）额定电压。因为变频器的输出电压是随频率而变的，并非常数，所以变频器是以最大输出电压作为额定电压的。一般说来，变频器的输出额定电压总是和输入额定电压大致相等的。

（2）额定电流。额定电流 I_N 是指允许长时间输出的最大电流，是用户选择变频器的主要依据。

（3）额定容量。变频器的额定容量 S_N 由额定电压 U_N 和额定电流 I_N 的乘积决定，其关系式为

$$S_N = \sqrt{3} U_N I_N \tag{4-25}$$

式中　S_N—变频器的额定容量，kVA；

U_N—变频器的额定电压，V；

I_N—变频器的额定电流，A。

（4）适配电动机功率。适配电动机功率 P_N 是指变频器允许配用的最大电动机容量。但由于在许多负载中，电动机是允许短时间过载的，所以说明书中的适配电动机功率仅对连续不变负载才是完全适用的。对于各类变动负载来说，适配电动机功率常常需要降低档次。

（5）输出频率范围。输出频率范围是指变频器输出频率的调节范围。

（6）过载能力。变频器的过载能力是指其输出电流超过额定电流的允许范围，大多数变频器都规定为额定电流的 150％、1 min。过载电流的允许时间也具有反时限特性，即如果超过额定电流的倍数不大的话，则允许过载的时间可以延长，如图 4-59 所示。

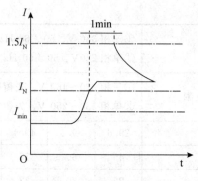

图 4-59　变频器过载能力

3. 变频器类型的选择

目前，国内外已有众多生产厂家定型生产多个系列的变频器，使用时应根据实际需要选择满足使用要求的变频器。变频器的选型不当会造成变频器不能充分发挥其作用，安装不规范会使变频器因散热不良而过热，布线不合理会使干扰增强，这些都可能造成变频器工作时不正常。

通常主要依据以下原则，进行变频器的选择。

（1）由于风机和泵类负载在低速运行时转矩较小，对过载能力和转速精度要求不是很高，可以选用价廉的变频器控制此类负载的运行，节约投资。

（2）如果异步电动机拖动的负载具有恒转矩特性，但在运行时转速精度及动态性能等方面要求不高，应当选用无矢量控制型变频器控制异步电动机的运行。

（3）如果异步电动机在低速运行时要求有较硬的机械特性，并要求异步电动机有一定的调速精度，但在运行时动态性能方面无较高要求的负载，可选用不带速度反馈的矢量控制型变频器控制异步电动机的运行 。

（4）如果异步电动机拖动的负载时对调速精度和动态性能方面都有较高要求，可选用带速度反馈的矢量控制型变频器控制异步电动机的运行。

4.6.3　变频器的接线

1. 主电路接线

变频器的主电路端子功能如表 4-9 所示。

表 4-9　主电路端子功能表

端子符号	端子名称	功　　能
R、S、T	电源输入端子	连接三相交流电源
U、V、W	变频器输出端子	连接三相电动机
P_1、P（+）	直流电抗器连接端子	改善功率因数的电抗器（选用件）
$P_{(+)}$、D_B	外部制动电阻器连接端子	连接外部制动电阻（15 kW 以下）（选用件）
$P_{(+)}$、$P_{(+)}$	制动单元连接端子	连接外部制动单元（1.5 kW）（选用件）
P_E	变频器接地端子	变频器机壳的接地端子

接线前，先确认输入电源的电压等级是否符合主电源电压等级，经确认输入电源的电压等级符合后，在安全断开的情况下才能进行接线的操作。

变频器输入、输出主端子的接线图，如图 4-60 所示。图中虚线部分为电缆线的屏蔽层部分，所用屏蔽层必须接地。

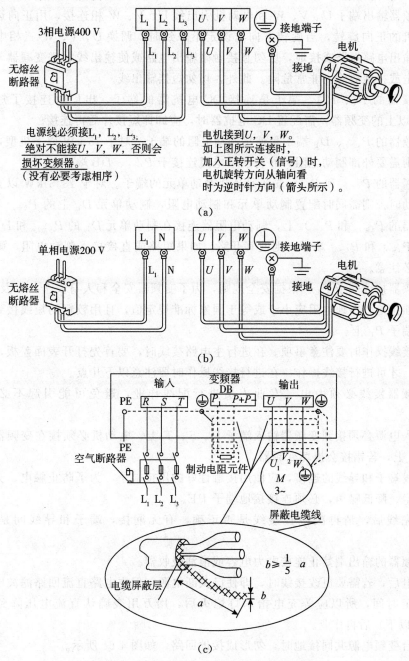

图 4-60 变频器输入、输出主端子的接线图

(a) 三相电源输入；(b) 单相电源输入；(c) 实物连接图

（1）接线方法。图 4-66 变频器端子的基本接线图中，主电路和制动电路接线方法如下。

①主电路电源输入端子 R、S、T 经由用户配置的接触器及断路器和电源连接，无需考虑相序，绝对禁止输入电源与输出端子 UV、W 相连接。

②变频器输出端子 U、V、W 和电动机引出线 U、V、W 相连接，用正向运行指令验证该电动机的正向旋转，当旋转方向与设定不一致时，调换 U、V、W 三相中的任意两相。禁止输出电路短路或接地，切勿直接触碰输出电路或使输出线触碰变频器外壳，否则会引起电击或接地故障，非常危险。此外，切勿短接输出线。

③变频器的 P_1、$P_{(+)}$ 端子是连接 DC 电抗器的端子，出厂时连接了短接片。对于 30 kW 以上的变频器，需配置 DC 电抗器时，应卸掉短接片后再连接。

④变频器的 $P_{(+)}$、D_B 端子是连接制动电阻的端子。对于 15 kW 以下机型，需要快速制动时，则需要外部制动电阻，并将制动电阻连接于 $P_{(+)}$、DB 端子上。

⑤变频器的 $P_{(+)}$ 和 $P_{(-)}$ 端子是连接制动单元的端子。对于 18.5 kW 以上机型，需要快速制动时，则需同时配置制动单元和制动电阻，制动单元 D_B 上的 $P_{(+)}$ 和 $P_{(-)}$ 连接在变频器的 $P_{(+)}$ 和 $P_{(-)}$ 上，制动电阻器连接在制动单元 D_B 的 $P_{(+)}$ 和 D_B 上。若不用变频器 $P_{(+)}$ 和 $P_{(-)}$ 端子，则使其开路。如果短路或直接接入制动电阻，则会损坏变频器，务必注意。

⑥变频器接地端子 P_E，根据安全规则，为了变频器安全和人身安全，以及降低噪声，变频器必须接地。接地电阻应小于或等于国家标准规定值，且用较粗的短线接到变频器的专用接地端子 P_E 上。

（2）接线操作时要注意事项。在进行主电路接线时，要首先打开表面盖板，当露出接线端子时，才可进行接线操作。在进行接线操作时要注意以下几点。

①变频器接线必须由电气专业人员进行配线作业，避免可能引起不必要的事故发生。

②输入电源必须接到变频器输入端子 R、S、T 上，电动机必须接在变频器输出端子 U、V、W 上，若错接会损坏变频器。

③接线端子和导线的连接，应使用接触性好的压接端子，为了防止触电、火灾等灾害事故的发生、降低噪声，必须连接接地端子 PE。

④接完线后，请再次检查接线是否正确，有无漏接，端子和导线间是否短路或接地。

⑤变频器的输出端禁止连接电力电容或浪涌吸收器。

⑥通电后，若需要更改接线时，即使已关断电源，但主电路直流回路滤波电容器放电仍需要一定时间，所以应等充电指示灯熄灭后，用万用表确认直流电压降到安全电压（DC25 V 以下）后再作业。

⑦多台变频电源共同接地时，勿形成接地回路，如图 4-61 所示。

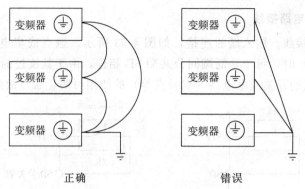

正确　　　　　　　　　　错误

图 4-61　多台变频器共同接地

（3）接线过程。主电路接线过程如图 4-62 所示。

①对于 I_T（不接地）系统和角接地 T_N 系统，请拆除内部的 EMC 滤波器（警告：如果在不接地的 I_T 电力系统或者高阻抗（超过 30 Ω）接地的电力系统中使用了 EMC 滤波器，那么该系统可能会通过变频器 EMC 滤波器电容器接地。这可能会造成变频器损坏；如果在一个角接地的 T_N 系统中接入了带有 EMC 滤波器的变频器，变频器将被烧坏）。

②将输入功率电缆的接地导体（P_E）紧固在接地线夹下。将各相电缆紧固到 U_1、V_1 和 W_1 端子上。对于外形尺寸不同的变频器按说明书提供的紧固力矩进行紧固。

③剥开电机电缆并将屏蔽层编成一根短辫子。将编好的屏蔽层紧固到接地线夹下。将各相电缆分别接到 U_2、V_2 和 W_2 端。对于不同的变频器，按说明书提供的紧固力矩进行紧线。

④按照步骤③介绍的方法，将带有屏蔽电缆的制动电阻选件连接到 BRK₊ 和 BRK₋ 端。

⑤保证变频器外部的电缆连接牢固。

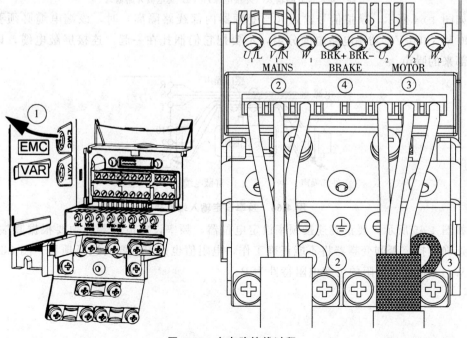

图 4-62　主电路接线过程

2. 变频器控制电路接线

（1）输入端的接线。输入端的连接，如图 4-63 所示。触点或集电极开路输入（与变频器内部线路隔离）时，每个功能端同公共端 SD 相连，由于其流过的电流为低电流（DC 4~6 mA），低电流的开关或继电器（双触点等）的使用可防止触点故障。

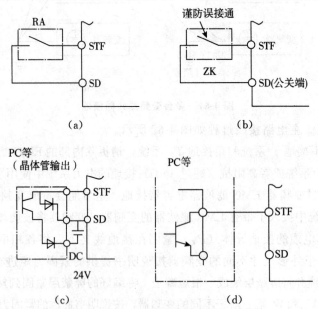

图 4-63　输入端的连接

（a）触点输入（继电器）；（b）触点输入（开关）；

（c）集电极开路输入（外接电源）；（d）集电极开路输入

如图 4-64 所示，模拟信号输入（与变频器内部线路隔离）时，该端电缆必须要充分和 200 V（400 V）功率电路电缆分离，不要把它们捆扎在一起，连接屏蔽电缆，以防止从外部来的噪声。

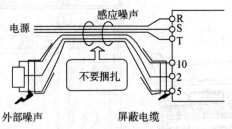

图 4-64　频率设定输入端连接

如图 4-65 所示，要正确连接频率设定电位器，频率设定电位器必须要根据其端子号，进行正确连接，否则变频器将不能正确工作，电阻值也是很重要的选择项目。图 6-27（a）中 2 W/1 kΩ 绕线电阻的可变电阻特性为 B。

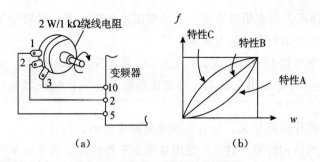

图 4-65　频率设定电位器的连接

（a）正确连接；（b）旋转角度

（2）输出端的接线。输出端的连接如图 4-66 所示。输出端的连接分三种情况：集电极开路输出端；脉冲串输出端；模拟信号输出端（DC 0～10 V）。

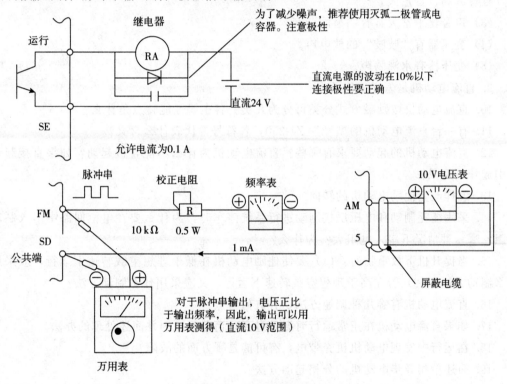

图 4-66　输出端的连接

🐎 **思考与练习**

1. 什么叫变压器？变压器的基本工作原理是什么？

2. 单相变压器的组成？各部分的作用？

3. 一台单相变压器 $U_1N/U_2N=220\text{ V}/110\text{ V}$，如果不慎将低压边误接到 220 V 的电源上，变压器会引起怎样的后果？原因是什么？

4. 某收音机输出电路的输出阻抗为 $Z'=392\ \Omega$，接入的扬声器阻抗为 $Z=8\ \Omega$，现加接一个输出变压器使两者实现阻抗匹配，求该变压器的变比 K；若该变压器一次绕组匝数 $N_1=560$ 匝，问二次绕组匝数 N_2 为多少？

5. 某低压照明变压器 $U_1=380$ V，$I_1=0.263$ A，$N_1=1\,010$ 匝，$N_2=103$ 匝，求二次绕组对应的输出电压 U_2 输出电流 I_2。该变压器能否给一个 60W 且电压相当的低压照明灯供电？

6. 电流互感器的作用是什么，能否在直流电路中使用，为什么？

7. 自耦变压器的结构特点是什么？使用自耦变压器的注意事项有哪些？

8. 变压器运行时，分析发出下列声音时是哪里出现的故障：

（1）变压器声音比平常尖锐。

（2）变压器内瞬间发生"哇哇"声或"咯咯"的间歇声，监视测量仪表指针发生摆动，且音调高、音量大。

（3）声音比平常大且有明显的杂音。

（4）变压器有"吱吱"的放电声。

（5）变压器有水沸腾声。

9. 直流电动机是怎样工作的？

10. 直流电动机按励磁方式分类可分为几类？各主要性能特点是什么？

11. 有一台直流电动机的型号为 Z4-250，各符号都代表什么含义？

12. 直流电动机的起动要求有哪些？直流电动机为什么不能直接起动？如果直接起动会引起什么后果？

13. 怎样改变他励电动机的转向？

14. 采用能耗制动和电压反接制动进行系统停车时，为什么要在电枢回路中串入制动电阻？哪一种情况下串入电阻大？为什么？

15. 当提升机下放重物时：（1）要使他励电动机在低于理想空载转速下运行，应采用什么制动方法？（2）若在高于理想空载转速下运行，又应采用什么制动方法？

16. 直流电动机有哪几种调速方法，各有何特点？

17. 如果直流电动机在正常运行时温升过高，请分析原因并简述处理的办法。

18. 在运行中发现电动机机壳带电，有可能是哪方面的故障？

19. 简述单相异步电动机的分相起动方法。

20. 对于一台单相异步电动机若不采取措施，起动转矩为什么为零？当给电动机转子一个外力矩时，电动机为什么就向该力矩方向旋转？

21. 三相异步电动机断了一相电源线后，为什么不能起动？而在运行时断了一相，为什么仍能继续转动？转动情况如何？

22. 一台三相异步电动机（星型接法）发生一相断线时，相当于一台单相电动机，若电动机原来在轻载或重载运转，在此情况下还能继续运转吗？为什么？当停机后，能否再起动？

23. 为什么交流伺服电动机的转子电阻要相当大？单相异步电动机从结构上与交流伺服电动机相似，可否代用？

24. 什么叫步进电动机的步距角？步距角的大小由哪些因素决定？

25. 步距角为 1.5°/0.75°的三相六极步进电动机的转子有多少个齿？若脉冲电源的频率为 2 000 Hz，步进电动机的转速是多少？

26. 变频器安装必须具备的环境条件有哪些？

27. 说明变频器主电路端子的具体作用。

28. 变频器控制电路接线应遵循哪些原则？

参考文献

［1］汤蕴璆．电机学［M］．5 版．北京：机械工业出版社，2014.

［2］许翏．电机与电气控制技术［M］．2 版．北京：机械工业出版社，2011.

［3］廖常初．PLC 编程及应用［M］．4 版．北京：机械工业出版社，2014.

［4］向晓汉．西门子 PLC、变频器、触摸屏工程应用及故障诊断［M］．北京：机械工业出版社，2017.

［5］天津电气传动设计研究所．电气传动自动化技术手册［M］．3 版．北京：机械工业出版社，2011.